别墅设计

陈 雷 林墨飞 邢 瑶 孙小茜 编著

清华大学出版社
北 京

内 容 简 介

本书从专业角度出发，以实训课堂联系设计理论，密切结合市场发展与专业技能培养，将别墅建筑功能空间、庭院设计方法和要素等以浅显易懂的方式进行讲解。突出设计方法在实践中的运用，在设计实践中深入分析、理解设计对象的各方面要素，以期培养和训练学生的设计能力和实践能力。

本书共分为5章，包括别墅概述、别墅建筑的设计分析与构思、别墅建筑功能空间的设计、别墅庭院设计、优秀设计作品欣赏。从基础理论到设计原则，从设计方法到完整方案形成，再到实践应用，内容翔实，图文并茂，便于学习。

本书可作为高等院校环境设计、景观园林等专业的教学用书，也可供广大别墅庭院、建筑景观等相关从业人员自学参考使用。

图书在版编目（CIP）数据

别墅设计/陈雷等编著. —北京：清华大学出版社，2021.6(2024.6重印）
高等院校艺术设计类系列教材
ISBN 978-7-302-58212-0

Ⅰ. ①别… Ⅱ. ①陈… Ⅲ. ①别墅—建筑设计—高等学校—教材 Ⅳ. ①TU241.1

中国版本图书馆CIP数据核字(2021)第096258号

责任编辑：孙晓红
封面设计：李　坤
责任校对：吴春华
责任印制：宋　林
出版发行：清华大学出版社
网　　址：https://www.tup.com.cn，https://www.wqxuetang.com
地　　址：北京清华大学学研大厦A座　　**邮　　编**：100084
社 总 机：010-83470000　　**邮　　购**：010-62786544
投稿与读者服务：010-62776969，c-service@tup.tsinghua.edu.cn
质量反馈：010-62772015，zhiliang@tup.tsinghua.edu.cn
课件下载：https://www.tup.com.cn，010-62791865
印 装 者：三河市铭诚印务有限公司
经　　销：全国新华书店
开　　本：190mm×260mm　　**印　　张**：12　　**字　　数**：295千字
版　　次：2021年6月第1版　　**印　　次**：2024年6月第4次印刷
定　　价：58.00元

产品编号：089071-01

Preface 前言

住宅是人类生活中遮风挡雨的主要场所，是人类生存和发展离不开的必要条件，占据了人类发展的整个进程，别墅随着人类文明的发展而发展。随着我国整体经济水平的不断提高，人们的生活发生了翻天覆地的变化，生活质量也有了很大的提高，别墅不再是少数人的专属居所，而逐渐发展成为一种大众消费品。当单调的楼层生活无法满足人们对居住空间、居住环境的要求时，别墅的出现正好迎合了人们的需求。

在别墅庭院设计中，设计师将空间、文化、生态、景观等元素进行有机结合，将自然与建筑融为一体，形成了一种新的人居环境概念。别墅庭院环境更加安闲静谧，接近大自然，满足了人们亲近自然的愿望。

随着时代的进步、经济的富足和人们居住意识的不断变化与提升，市场对于室内设计、建筑景观设计人才的需求不断增加，别墅庭院设计成为全国各大院校艺术设计相关专业的必修课程。本课程设置的目的是让学生全面了解别墅庭院设计的过程和内容，强化学生别墅庭院设计的实践能力，能够独立地完成一整套设计方案，合理规划布局，并掌握制作与施工的基本方法，最终创造出具有视觉美感、符合人体工程学要求并满足居住与使用需要的别墅庭院空间；在学生思维中建立一个系统的设计框架，培养学生的设计思维能力与解决问题能力，打造真正满足设计行业发展需要的专业人才。

别墅设计是一门综合性较强的学科，是学生了解独立式住宅空间的重要专业课程。本课程通过理论讲授和实践课题训练，使学生了解别墅空间的功能分区、布局类型及空间形式特点，掌握别墅设计方法和设计原则；认识、理解室内空间与建筑、环境三者之间的关系，使学生进一步了解别墅空间构成与装饰方面的设计知识，培养他们对不同风格的别墅环境进行艺术处理与设计表现的能力。通过别墅设计课程项目化学习，可以培养学生室内和建筑设计的图纸设计制作、设计方案表达、设计表现及对设计原理熟练运用的能力，以及团队协作的能力，引导和培养学生的艺术表达素养和技术驾驭能力。本课程是培养环境设计人才具备实践动手能力、就业竞争力及创造执行力的教育教学体系中的关键环节。

本书存在以下两个方面的主要特点。

(1) 理论联系实践。首先，本书在结构上大体分为两大部分，第一部分主要介绍基本的理论概念及设计原则，第二部分以设计构思与方法为主。其次，本书在讲解完知识点之后，均配备有典型设计案例进行辅助讲解，以加深学生对知识的理解和技能的掌握。最后，在本书的第三、四章的章尾设置了实训课堂，以期学生能在教师的指导下进行项目分析与设计，逐步提高专业技能。

(2) 内容系统实用。本书在内容上共分为三大模块，分别是理论知识与概念、设计实践与表达、优秀案例分析与欣赏。编者向读者娓娓道来，展示别墅概述、别墅建筑设计的分析与构思、别墅建筑功能空间的设计、别墅庭院设计、设计作品欣赏等内容。每章节内容均选取精美设计图片作为示例，以帮助学生更加直观地理解知识点。

本书由陈雷、林墨飞、邢瑶、孙小茜共同编写，在编写的过程中参阅了大量有关别墅设计的资料，借鉴了较多的国内外优秀设计案例，在此，对这些作者表示感谢！

由于学识有限，书中难免出现疏漏与不当之处，敬请广大读者批评指正。

编　者

Contents 目录

第一章　别墅概述 1

第一节　别墅建筑的发展 3
一、别墅建筑的定义 3
二、别墅建筑的类型 3
三、别墅建筑的发展历史 6
四、别墅建筑的未来发展趋势 14
第二节　庭院概述 15
一、庭院景观的界定 15
二、别墅庭院景观的平面构成要素 16
复习与思考题 24

第二章　别墅建筑的设计分析与构思 25

第一节　别墅建筑设计的前期准备 26
一、别墅建筑设计信息的采集 26
二、别墅建筑设计确立的目标 34
第二节　别墅建筑的设计方法 35
一、环境构思法 35
二、风格构思法 41
三、技术构思法 42
四、意境构思法 46
第三节　别墅建筑的设计构思 47
一、设计构思的理性层面 47
二、设计构思的非理性层面 47
第四节　别墅建筑的设计内容 50
一、别墅设计的主要步骤 50
二、别墅建筑的平面设计 50
三、别墅的空间构成和表达 55
四、别墅建筑的外部造型与风格 59
复习与思考题 83

第三章　别墅建筑功能空间的设计 85

第一节　玄关、客厅的设计 87
一、玄关的概念 87
二、玄关的功能分析 87
三、玄关的设计要点 89
四、客厅的概念 89
五、客厅的功能分析 89
六、客厅的隐蔽性要求 89
七、客厅的布局形式 90
八、客厅的设计要点 92
九、客厅的常用尺寸 93
第二节　餐厅、厨房的设计 95
一、餐厅的概念 95
二、餐厅的设计要点 95
三、餐厅的常用尺寸 97
四、厨房的概念及布局形式 98
五、厨房的设计要点 99
六、厨房的常用尺寸 100
第三节　卧室的设计 101
一、卧室的概念 101
二、卧室的设计要点 101
三、卧室的常用尺寸 104
第四节　浴室、卫生间的设计 105
一、浴室和卫生间的概念 105
二、卫生间的洁具设备 105
三、浴室和卫生间的设计原则 108
第五节　休闲、娱乐空间的设计 110
一、休闲、娱乐空间的概念 110
二、休闲、娱乐空间的设计原则 110
第六节　储藏空间的设计 113
一、储藏空间的概念 113
二、储藏空间的设计要点 113
第七节　阳台空间的设计 114
一、阳台的概念 114
二、阳台的设计要点 114
第八节　车库的设计 116
一、车库的概念 116
二、车库的设计要点 116
复习与思考题 117

实训课堂 117

第四章 别墅庭院设计 121

第一节 设计概述 122

一、别墅庭院的组成 122

二、别墅庭院的风格 123

三、别墅庭院的特点 130

四、别墅庭院的设计原则 131

第二节 设计方法 132

一、功能分析法 132

二、空间组织法 138

第三节 设计要素 143

一、道路 143

二、铺装 144

三、水体景观 149

四、植物配置 153

五、景观小品 156

六、景观照明 166

复习与思考题 174

实训课堂 174

第五章 优秀设计作品欣赏 177

参考文献 184

第一章

别墅概述

学习要点及目标

了解别墅的类型、发展历史及未来发展趋势，并熟悉庭院景观的界定及平面构成要素。

本章导读

别墅建筑在创意与设计上特别注重建筑与环境的“对话”，加上业主的要求各不相同，别墅的设计风格也必然情趣各异，设计理念很难简单地移植和复制。同时，别墅建筑具有体量小巧、结构简单、造价较低的特点，因此，别墅建筑设计往往成为建筑师创新和实践设计理论的最好场所，也是建筑师展现设计才华，体现独特风格、创作建筑精品的绝佳领域。许多著名的建筑大师在别墅建筑设计上都颇有建树，如柯布西耶的萨伏伊别墅、安藤忠雄的住吉长屋、赖特的流水别墅（见图1-1）、密斯的范斯沃斯住宅等。在这些别墅作品中，建筑大师们创造了新的建筑观念和理论，展示了新的建筑风格，这些别墅作品也因此成为建筑史上具有里程碑意义的作品。

图1-1　赖特的流水别墅

别墅是居住建筑中的一个特殊类型。别墅作为私人生活的场所，具有居住建筑的所有属性，是居住、餐饮、娱乐休闲的综合体。不同于一般居住建筑的商品化生产，别墅往往是为了满足居住者个性化需求而专门设计建造的。

第一节 别墅建筑的发展

一、别墅建筑的定义

别墅往往指建在环境优美的地带、供人居住和休憩的独户住宅。别墅通常面积不大，一般由起居室、餐厅、厨房、书房、卧室、卫生间等几部分组成，能包容日常生活的基本内容，并具有一定的舒适性。随着工业化的发展、社会文明程度的提高、社会财富的积累，别墅已迅速成为一种居住商品。时至今日，别墅建筑已经具有更多居住建筑的属性，其概念也已经逐渐演化为一种城市环境中的花园住宅，别墅的形态和功能也不断变化完善。早期的别墅通常是大型的私人宅邸，而今天的别墅渐渐向小型化发展，内容小而全，讲求舒适方便，环境优美，特色突出，能反映居住者的个人风格和追求。

追溯别墅发展的脉络，我们也可以看到建筑思潮的发展和变化。

现代建筑发展过程中，随着社会生活的演进，从早期现代主义的代表作品，如赖特的草原住宅、流水别墅，柯布西耶的萨伏伊别墅，密斯的范斯沃斯住宅，到近几年的后现代主义、解构主义、新理性主义，以及晚期现代派等设计流派，他们的作品风格各异，异彩纷呈，反映了不同流派的不同特点。别墅以其规模小、变化多，成为最能反映建筑思潮的建筑类型。比如艾森曼就是以其别墅作品表达了他的解构主义的创作手法和思想理念；安藤忠雄、马里奥·博塔都是从他们独具特色的别墅作品开始渐渐被世人所认同、所喜爱，进而成为一代建筑名家的。总体来说，别墅是简单而复杂的，因为它可以具有丰富的空间造型，也常常反映了建筑思潮的发展和变化。

二、别墅建筑的类型

别墅建筑从诞生到发展至今，成为一种具有丰富内涵的建筑类型。按照不同的划分标准，别墅建筑有不同的分类，如图 1-2 所示。

按照地理环境分类	山地别墅、海滨别墅、森林别墅、草原别墅、城市别墅
按照别墅功能分类	生活型经济别墅、度假型别墅、出租型别墅、经营型别墅、商住型别墅
按照别墅建筑风格分类	欧式别墅、美式别墅、日式别墅、中式别墅
按照别墅与城市关系分类	城中别墅、城郊别墅、乡村别墅
按照别墅建筑形式分类	独栋别墅、双拼别墅、联排别墅、叠拼别墅

图1-2 别墅建筑的分类

以下将对独栋别墅、双拼别墅、联排别墅和叠拼别墅做详细介绍。

1. 独栋别墅

独栋别墅一般指独户居住的单幢住宅，房屋四周临空，有围墙围出固定范围的庭院或明确归本户使用的周围用地，如图 1-3 所示。独栋别墅建筑设计强调的是与周围环境的和谐与统一，从物质和精神上的需求，对独栋别墅所处的地理位置的选择非常注重，其业主的生活质量和环境有着很大的关系。瑞士建筑学家凯乐说："真正的别墅应是融在自然环境里，需要你在自然环境里寻找才能发现的，而非强调个性的张扬。"

图1-3　独栋别墅

独栋别墅区别于其他普通住宅、公寓和其他类型的别墅，拥有独立的室外环境及宽敞的室内空间。在平面设计上，独栋别墅具有很大的灵活性，三度空间均可自由展开设计；别墅内部各个房间容易得到良好的朝向、采光和通风。各栋之间有一定的间隔，环境安静。在功能分区上，独栋别墅室内面积大、功能区域的设置非常清晰。设计定位首先应依照居住者的生活方式来确定，其次区别于其他类型的居住形式，别墅更强调室内的空间感、舒适程度，特别是豪华奢侈的尺度和美感。

独栋别墅的室内设计，要考虑安防、空调、综合布线、小型家庭局域网、背景音乐、智能照明，以及各种设备与顶面吊顶和墙体之间的处理关系。上下水路改造的可行性为洗手间功能的调整及个性化设计提供了条件。

独栋别墅从平面功能的设置上包括起居室、卧室、餐厅、厨房、卫生间等一些必要的家庭生活空间，且应考虑到使用者的职业、爱好、家庭成员等。独栋别墅还设置了较多的公共空间、娱乐空间及会客空间，如门厅、会客室、较为私密的家庭厅、视听娱乐或运动休闲的空间、兼顾书房及其他功能的会客和交流空间等。在标准较高的独栋别墅中，还需设立至少两个厨房空间，包括西式厨房和中式厨房，以及早餐室和宴会厅等空间。

2. 双拼别墅

双拼别墅是由两个单元的别墅并联组合的单栋别墅，如图1-4所示。与独栋别墅相比，双拼别墅比较经济，主要体现在：一是节约用地，双拼别墅因将两套别墅拼合成一幢，可以提高土地的利用率，又避免了联排别墅中间单元受到两侧单元的挤压而失去私密空间的缺陷，使每一套别墅具有相对私密性；二是造价较低，双拼别墅中两户住宅共用一道分户墙，平面设计时，两户的给排水管线可集中布置在分户墙内，降低了建筑造价。在建筑设计上，双拼别墅要合理控制容积率，过高的容积率会使双拼别墅失去意义。在充分强调使用舒适性的同时，利用地形、景观，以及建筑空间设计，强调别墅院落的景观性和私密性。

图1-4 双拼别墅

3. 联排别墅

19 世纪 40—50 年代，联排别墅发源于英国新城镇时期，随后在欧美国家普及。在欧洲，联排别墅原意是指在城区联排而建的市民城区住宅。这种住宅沿街建造，由于沿街面宽的限制，住宅大多采用大进深、小面宽的建筑形式，层数一般在 3 至 5 层，而立面式样则根据业主的个人审美喜好，呈现多元化风格。由于联排别墅位置离市区较近、方便上班及工作、价格合理、环境优美，在很多国家和地区已经非常普及，已经成为住宅郊区化的一种代表形态。

联排别墅（见图 1-5）的功能较为齐全，除了具有住宅的基本功能外，还有门厅、车库、私家花园、阁楼等功能空间，并在储藏、露台、走入式衣柜、工作阳台等功能上有所放大。联排别墅所具有的这些功能，满足了业主对自有空间和私密性的要求。

与独栋别墅相比，联排别墅的房型设计更注重经济性和舒适性的统一，联排别墅的内涵和价值在很大程度上取决于室内空间，依靠多种空间组合，充分突出其空间特色。

图1-5 联排别墅

房型可以创造出全新的空间体验。联排别墅的建筑面积一般为 180 ～ 280 m^2，面宽为 5.7 ～ 7m，进深一般在 11 m 左右。联排别墅如果进深增加到 13m 以上，就无法自然采光，但通过中庭空间或者依靠屋顶采光，也能有效地改善内部空间的采光质量，且获得极富魅力的室内空间。

4. 叠拼别墅

叠拼别墅是在综合情景洋房公寓与联排别墅特点的基础上产生的，由多层的复式住宅上下叠加组合而成，下层有花园，上层有屋顶，一般为四层带阁楼建筑，如图 1-6 所示。与联排别墅相比，叠拼别墅造型丰富，同时在一定程度上克服了联排别墅面宽小、进深大的缺点。叠拼别墅在稀缺性、私密性等方面较单体别墅要差，定位也多是第一居所。虽然没有联排别墅的独立院落，但是叠拼别墅每户均有露台、花园、车库，居住环境舒适，性价比较高。

图1-6　叠拼别墅

三、别墅建筑的发展历史

1. 西方别墅的发展历史

西方别墅的发展可分为两个历史阶段；第一阶段是从古罗马时期开始至 19 世纪的西方古代别墅发展时期；第二阶段是从 19 世纪至今的西方近现代别墅发展时期。

1）西方古代别墅建筑

（1）古罗马时期（公元前 4 世纪到 5 世纪）。古罗马时期是西方奴隶制发展的最高阶段，其建筑式样继承了古希腊的成就并结合地域传统创造出独特的罗马风格。古罗马时期的奴隶主阶级为了躲避罗马过分繁华喧闹的生活采取了两种方式：第一种方式是修建专门用来休养的城市，其代表作是庞贝城（如图 1-7 所示为庞贝城遗址）；第二种方式是建在罗马各地的乡间别墅，其代表作是哈德良离宫。

图1-7 庞贝城遗址

① 别墅式府邸。庞贝城由奥斯坎斯部落兴建，是一座人口稠密、商旅云集的小城。公元前 89 年，庞贝城被罗马人占领，成为罗马帝国的属地。到公元 79 年为止，这里已经成为罗马富人的乐园，贵族富商纷纷到此营建豪华别墅，尽情寻欢作乐。朱庇特神庙、阿波罗神庙、大会堂、浴场、商场等重要建筑围绕市政广场，城内还建有剧场、体育馆、斗兽场、引水道等公共建筑设施。城内作坊店铺按行业分街坊设置，连同大量居民住宅，构成研究罗马民用建筑的重要实物。

富人们在庞贝城修建的府邸供闲暇时休闲放松之用。用现代的观点看，这些贵族富人的府邸规模宏大、功能齐全，还包括院子和花园，是典型的别墅式住宅，而庞贝城则是由众多别墅式住宅组成的巨大别墅群。庞贝古城内保存着的宅院遗址一般为四合院形式，主宅环绕中央天井布置厅堂、居室，花园中有古典柱廊和大理石雕像，厅堂、游廊的墙壁上画着树木、喷泉、花鸟以及远景等壁画，给人一种亲近自然、空间开阔的视觉感受。

② 乡间别墅。罗马乡间别墅内设有书房、客房和主人卧室及卫生间等功能空间。别墅空间的核心是内部的中庭，中庭形式通常采用碎石铺砌的天井，天井的中央有水池，既可以用来沐浴，也可以用来收集从天井周围屋檐上落下的雨水。重要的公共房间被成组地布置在天井周围，而家庭用房则安排在二楼。乡间别墅都拥有景观优美的花园，并设有草坪、喷泉和雕塑等小品。著名的哈德良离宫（Villa of Hadrian）是这一时期乡间别墅的典范，如图 1-8 所示。爱好巡游的哈德良希望把帝国境内所有的美景尽收于此，于是在里面模仿各处名胜修建园林馆舍。水是整个行宫建筑中最显著的主题之一，穿过高大的防御墙进入园区，一池碧水即呈现眼前；占地广阔的佩奇尔广场仿照雅典的一个著名柱廊而建；走出不远，便是建筑群中最神秘的古迹之一——卡普诺斯运河廊柱；优雅的拱柱围绕在长方形的池畔，间或林立着栩栩如生的古典雕塑，园林之美跃然而出。

图1-8　哈德良离宫

（2）中世纪时期（5—15 世纪）。中世纪时期，欧洲各地普遍兴建教堂和修道院等建筑，主要风格是哥特式和罗马风。中世纪别墅形式包括庄园和城堡。哥特式建筑风格对这一时期别墅风格的影响最深。哥特式又称高直式，是欧洲中世纪建筑形式发展的一个新阶段，这种式样在 12—16 世纪欧洲各国的建筑艺术中占有重要的地位。

中世纪时期，别墅的布局相当复杂，特别是城堡式别墅，城堡的不同侧翼和塔楼上都有设防。对于独立的家庭城堡来说，其标准布局是：一个中央大厅，用作家人与佣人的起居，大厅高达两层，围绕大厅安排卧室，在墙角处建有厕所、厨房、小礼拜堂，有时还设有阳光室和密室。15 世纪，随着哥特式建筑的日渐式微，哥特式别墅也逐步退出了历史舞台。

（3）文艺复兴时期（15—18 世纪）。在文艺复兴时期，对世俗建筑的大量需求促进了别墅建筑文化的兴盛。别墅在此时期开始进入了一个崭新的时代，无论是在建筑风格、规模、平面布局方面，还是在与自然环境和城市环境的融合方面都已成熟，并为西方后来的别墅建筑设计形成了一种模式。文艺复兴时期的别墅建筑包括两大部分：一是城市中带有花园和院子的富人的别墅式府邸，二是城郊或乡村别墅。

① 城市中的别墅式府邸。文艺复兴时期的城市富人府邸，平面一般围绕院子布置，设计严谨，讲究对称，按轴线布置建筑。立面趋向规律化，门窗排列整齐，距离相等，强调比例。建筑造型在古典建筑基础上，采用灵活多样的处理手法，如立面的分层，粗石和细石墙面的处理，半圆形券、水平厚檐、拱廊的应用，粉刷、隅石、山花的变化等，丰富了城市街景，形成了整齐、庄严的街道立面。

府邸在内部设计上以舒适、方便为宗旨，平面通常为方形，呈四合院形式。大门直接通到内院，内院四周为拱形柱廊，主要房间设在二楼，突出的横线条将内院立面上的基座、楼层等明显地标示出来，窗子大小一致，排列整齐。窗子之间的墙面一般由壁柱或半露柱平分。壁柱在不同楼层之间一般按叠柱式处理。文艺复兴时期典型的窗楣山花为三角形和弓形，在不同楼层之间窗楣山花也会有区别。外墙全部用粗石砌成或仅在底层和墙角处用重石块砌筑，其余部分用灰泥粉刷。

佛罗伦萨的美狄奇府邸（Palazzo Medici）为文艺复兴早期建筑的典型代表，如图 1-9 所示。该建筑共有三层，外立面层次清晰：底层墙面大石块略经粗凿，二层石块平整但有砌缝，三层光滑不留砌缝。匀称分布的双窗之上共用一个隐性半圆形拱券，是文艺复兴的经典造型。美狄奇家族希望通过这种外表朴素的处理方式来掩盖其拥有的巨大财富。

图1-9　佛罗伦萨的美狄奇府邸

② 城郊的乡村别墅。文艺复兴时期的园林艺术有了很大的发展，享受自然、热爱乡村成了一时的风尚，郊外的园林式别墅非常适合贵族富商们的奢华生活。在 15 世纪，这种园林式别墅已经遍布佛罗伦萨城郊，园林成为别墅建筑重要的组成部分。此时期著名的别墅有教皇尤利亚三世别墅 (Villa of Pope Julius III)、维琴察圆厅别墅 (Villa Rotonda，Vicenza，见图 1-10) 等。

图1-10　维琴察圆厅别墅

维琴察圆厅别墅是意大利文艺复兴后期建筑大师帕拉第奥的代表作，也是研究文艺复兴时期乃至世界别墅建筑的经典范例。帕拉第奥是 16 世纪意大利最后一位建筑大师，他的建筑艺术对欧洲以及美国建筑具有决定性的影响，他和维尼奥拉被认为是17世纪古典主义建筑原则的奠基人。帕拉第奥认为，建筑的美感来自美丽的形状、整体和局部的比例以及局部之间的比例，建筑像一个单纯的、完美的人体。他追求建筑物端庄、朴素而又高贵的气质，推崇集中式布局，偏爱白色，“最优美、最规则的形状是圆形和正方形，其他形状是由它们导出的”。

圆厅别墅建于1552年，位于意大利维琴察郊外的山野草地，是一个对称的四面完全一样的乡村别墅，其立面见图1-11。圆厅别墅的完美比例和严谨立面所展示出的神圣优美，使之成为和四周自然风景融为一体的世外桃源。圆厅别墅尝试着将集中式平面布局应用在居住建筑上，这是它区别于以往院落式别墅的典型特点。从平面图来看，围绕中央圆形大厅周围的房间是对称的，甚至十字形四臂端部的入口门厅形式也一致。建筑与自然环境融为一体，给人一种纯洁、端庄和高贵的美感。

图1-11　维琴察圆厅别墅立面图

圆厅别墅达到了造型的高度协调，建筑结构严谨对称，风格冷静，表现出逻辑性很强的理性主义处理手法。整座别墅由最基本的几何形体，如方形、圆形、三角形、圆柱体、球体等组成，简洁干净、构图严谨。各部分之间联系紧密，大小适度，主次分明，虚实结合，和谐妥帖。优美的神庙式柱廊，减弱了方形主体的单调和冷淡。帕拉第奥从古代典范中提炼出古典主义的精华，并创造性地应用于居住建筑之中，这充分体现了他的灵活性与创造性。

帕拉第奥设计的其他别墅，如马塞尔的巴巴罗别墅（Villa Barbaro，见图1-12）中，也采用了这种将规则平面加以延伸的手法，从而开辟了别墅建筑发展的新时代——帕拉第奥式别墅。帕拉第奥式别墅相对于一个轴线左右对称布局，在中轴线上布置入口和大厅，在两侧布置各类房间，形成三段式构图。圆厅别墅作为建筑构成中的典范和理论结构上的参照物，一度成为西方别墅建筑发展的基本原型。

从西方古代别墅发展进程可以看到，文艺复兴时期是别墅建筑发展的重要历史时期。与以前别墅建筑采用院落式布局相区别，文艺复兴时期别墅开始普及精确性和集中式布局，别墅建筑的形式已经基本上成熟和稳定了。但这时的别墅建筑只是少数富人的专利，与大众的距离仍然很遥远。

图1-12　马塞尔的巴巴罗别墅

2）西方近现代别墅建筑

19 世纪初期，西方别墅建筑的传统含义开始发生变化。随着社会经济的发展、交通工具的进步，别墅不再是少数人的专利品，开始走进大众的生活。到了 20 世纪，随着高速公路的大量修建、私人轿车的普及，别墅逐渐成为西方国家大众化的居住消费品。更重要的是，理想别墅的位置从乡村转移到了城市郊区，此外，城市中也开发建设大量面向大众的别墅式住宅。

19 世纪工业革命以后，钢铁生产技术的改进和钢筋混凝土的应用，带动了建筑及营造技术蓬勃发展。第一次世界大战后，对住宅的大量需求引发了现代建筑师们对于新的住宅形式、技术和材料应用的研究。从芝加哥学派、新艺术与青年风格、折中主义到包豪斯学派、CIAM(国际现代建筑协会)、地域主义的兴起，现代建筑思潮对于别墅风格的转变有着深刻的影响。

（1）新艺术与青年风格。新艺术与青年风格建筑有别于 18 世纪矫饰的建筑风格，以设计款式干净利落、施工细腻、家具的设计与房间的配合恰到好处、墙壁色泽素净、空间明亮的方式凸显手工艺的净化作用和天然材料的美感。同时不受对称设计拘束，强调设计应当由内而外，以显现出建筑变化的特色。

（2）风格派。由包豪斯学院引起的一种设计风格，风格派拒绝使用任何具象元素，主张用纯粹几何形的抽象来表现纯粹的精神；认为抛开具体描绘，抛开细节，才能避免个别性和特殊性，获得人类共通的纯粹精神表现。在“抽象化”与“单纯化”的口号下，风格派提倡数学精神，凡是缺乏明确与秩序的东西，都被他们称作是“巴洛克”而予以反对。风格派建筑由一些简单的立体单元，用垂直和平行的对称方式组合成一定的空间模式，这对 20 世纪上半叶的建筑产生了相当大的影响。

1923 年，里特维尔德设计了荷兰乌德勒支市郊的一所别墅，如图 1-13 所示，这是他第一件重要的建筑作品。乌德勒支别墅最显著的特点是各个部件在视觉上的相互独立；通过使用构件的重叠、穿插以及使用原色来强调不同构件的特点，创造了一个开放和灵巧的建筑形象。室内陈设也体现了与室外一样的灵活性，楼层平面中唯一固定的东西就是卫生间和厨房，因而空间可以自由划分，适用于不同的使用要求；外部的色彩设计也同样用在室内，以色彩来区分不同的部件，又富于装饰意味。这所住宅的设计可以说是蒙德里安绘画的立体化。

图1-13　乌德勒支别墅

（3）草原风。“草原风格”指的是由赖特等一群艺术家在美国中西部建造的低矮的“草原式住宅”风格，这类住宅大多坐落在郊外，用地宽阔，环境优美，建筑从实际生活需要出发，在布局、形体、取材上，特别注意同周围自然环境的配合，形成了一种具有浪漫主义闲情逸致及田园诗意般的典雅风格。草原风格的房屋主要由砖、木头和灰泥建成，有灰泥的墙以及带窗框的窗户。草原风格建筑师强调水平的线条，修建起低矮的屋顶和宽阔、突出的屋檐。他们放弃了精致的地板结构和环绕中央火炉的流线型室内空间的细节构建，由此获得的是低矮、扩展开的建筑结构和采光良好的空间。

赖特设计的罗宾别墅（Robie House）是草原式住宅的代表之作，如图 1-14 所示。罗宾别墅整体构图的基本形式是高低不同的墙、坡度平缓的屋面、深远的挑檐和层层叠叠的水平阳台与花台所组成的水平线条，被垂直的大烟囱所统一，显得很有层次，也很丰富。外形上相互穿插的水平屋檐以及落在门窗与砖石本色的墙体上的阴影，有时作为室内装饰暴露在外的木屋架构，协调着周围的自然环境，反映着四时的变化，衬托出一幅幅生动活泼的田园图景。

（4）现代主义风格。勒·柯布西耶提出“住房是居住的机器”，鼓吹以工业的方法大规模地建造房屋，认为“建筑的首要任务是降低造价，减少房屋的组成构件”，对建筑设计强调“原始的形体是美的形体”，赞美简单的几何形体。1926 年，勒·柯布西耶在《走向新建筑》一书中就自己的住宅设计提出著名的“新建筑五点”：底层架空；屋顶花园；自由平面；横向的长窗；自由立面。

在 20 世纪 20 年代，勒·柯布西耶按照“新建筑五点”的要求设计了一系列同传统建筑形式迥异的住宅建筑，萨伏伊别墅（Villa Savoye）是一个著名的代表作，如图 1-15 所示。勒·柯布西耶的建筑设计充分发挥了框架结构的特点，由于墙体不再承重，可以设计大的横向长窗。他在建筑设计的许多方面都是一位先行者，对现代建筑设计产生了非常广泛的影响。萨伏伊别墅在用色上特别纯粹，建筑的外部装饰完全采用白色，这是一个代表新鲜的、纯粹的、简单和健康的颜色，给人以清新自然的感觉，而崇尚自然也是现代主义建筑的一大特色。在勒·柯布西耶的建筑中，我们还可以看到为增强建筑整体的丰富性所做的富有人性化、个性化的细部处理及专门对家具进行的设计和制作等。例如，萨伏伊别墅的卫生间，浴缸边缘做成具有人体曲线的宽边；屋顶花园在设计上使用绘画和雕塑的表现技巧；车库则采用特殊的组织交通流线的方法，使得车库和建筑完美地结合，使汽车易于停放而又不会使车流和人流交叉。

图1-14　罗宾别墅

图1-15　萨伏伊别墅

萨伏伊别墅深刻地体现了现代主义建筑所提倡的新的建筑美学原则。表现手法和建造手段的统一、建筑形体和内部功能的配合、建筑形象合乎逻辑性、构图上灵活均衡而非对称、处理手法简洁、体形纯净、在建筑艺术中吸取视觉艺术的新成果等，这些建筑设计理念启发和影响着无数建筑师，即便是到了今天，现代主义的建筑仍为诸多人士所青睐，因为它代表了进步、自然和纯粹，体现了建筑最本质的特点。

2. 中国别墅的发展历史

1）中国古代别墅建筑

中国古典园林建筑是中国古代别墅建筑的特有形式，也是中国古代别墅建筑的代表形式。中国的园林别墅起源于北方，早期多为皇家的狩猎或休闲场所，园内设有离宫和其他场所，不单是休息的地方，而是多种用途的综合体。例如，清代的圆明园就是集休憩娱乐、含蓄水体、生态保护、宗教崇拜、军事活动等复合功能为一体的皇家园林设计典范。

南方的私家园林别墅最早兴起于东汉，六朝时期达到第一次鼎盛。以谢氏家族为代表的仕商文人受道家隐逸哲学的影响，在“六朝古都”南京的秦淮河畔兴建集居家与山水为一体的园林别墅，可以说秦淮地区是江南私家园林别墅的源头。到明清的时候，私家园林的发展几乎遍及全国，现存的以苏州最多。苏州拙政园、狮子林是明清时期私家园林的代表作，如图 1-16 和图 1-17 所示。

2）中国近现代别墅建筑

中国近现代别墅建筑始于 20 世纪初，以采用西式花园别墅的形式为主。西式花园别墅的出现是因为外国侨民的涌入和他们带来的居住文化，居住人群主要是外国殖民者、西方传教士、商人等。随着别墅数量的增加，一批高收入和有显赫地位的中国人也住进了西式花园别墅，因为外国侨民来自不同的国家和民族，所以聚居的别墅区往往风格迥异，形成了“万国建筑博览馆”。现在上海、天津、青岛、大连等地保留较多此类别墅，成为当地的一大特色。天津的汤玉麟故居、青岛的花石楼是中国近现代别墅的代表作品，如图 1-18 和图 1-19 所示。

图1-16　苏州拙政园

图1-17　苏州狮子林

图1-18　天津的汤玉麟故居

图1-19　青岛花石楼

四、别墅建筑的未来发展趋势

进入21世纪，人们对建筑的要求不再局限于功能完善和形式美感，崇尚艺术、追求环保和建筑智能化成为建筑师们设计的主流思想。

1. 形态艺术化

建筑艺术是按照形式美的规律，运用独特的艺术语言，使建筑具有文化价值和审美价值。随着信息时代的来临，由于艺术思维的扩张，各种艺术形式对建筑设计领域的介入，以及来自不同学科领域中的概念比较，使建筑避免了任何形式上的统一性。

信息时代的别墅建筑体现了这样一种理念：建筑应采用形态来表现理念。形态作为理解空间的策略和体系，作为表现手段的概念和工具，其创作理念不仅来源于传统的建筑相关学科，如工程学和拓扑学、哲学、舞蹈、文学，以及视觉艺术等艺术形式也对建筑创作产生着深刻的影响，使别墅建筑本身成为艺术，使其外部形态呈现出艺术化的特征。

2. 设计生态化

生态建筑是指在建筑的全寿命周期内，最大限度地节约资源、保护环境和减少污染，为人们提供健康、适用和高效的使用空间，与自然和谐共生的建筑，也称为绿色建筑。生态理念在别墅建筑上主要体现在两个方面。一是环保型材料，生态别墅要求使用耐久性好、易于维护管理、不散发或很少散发有害物质的环保型建筑材料。生态建筑的未来发展将催生具有更优性能的环保型材料来取代传统的建筑材料。二是在设计上进行节能设计和使用清洁能源，体现在：①最大限度地使用被动式能源系统；②关注建筑朝向并采取有效的遮阳措施，减少建筑热负荷；③实现建筑室内的自然通风，以减少空调等降温设备的使用；④尽可能使用自然采光；⑤积极利用可再生能源。

3. 系统智能化

建筑智能技术的目标是要尽量创造舒适的工作和生活环境，向人们提供一个安全、高效、舒适、便利、独立而又安全的工作和生活建筑环境。系统智能化要为生态、节能、太阳能等技术在各类型建筑中的应用提供支持；在智能技术的支持下，建筑成为能以生物的方式感知建筑内部状态和外部环境的生命体；建筑成为具有呼吸功能，可自动吸收和释放热量、水汽，能够智能调节建筑的温度和湿度的生命体。

智能化建筑还要能根据气候、季节、光照变化自动调节建筑内的各项控制指标，以达到居住的最佳状态。设计师在设计过程中还要考虑智能建筑内的变化、发展及新增项目的可能性。随着高科技成果的不断出现，人们将完全进入信息社会，高科技智能化设计将成为21世纪建筑设计的主流。

第二节 庭院概述

一、庭院景观的界定

别墅庭院景观，从广义上来说，应包含私人庭院和公共绿地两部分，两者相辅相成，缺一不可。只有公共绿地与私人庭院同时得到较好的设计和维护，才能使整个社区形成生态化的优良环境。但本书所谓“别墅庭院景观”，仅指别墅院墙以内的外部空间，以及别墅建筑内部的室外空间，使用者主要是别墅的居住者和来访客人。现代意义上的景观规划设计，以协调人与自然的相互关系为宗旨。同样地，别墅庭院景观为主人提供了模拟的自然环境，使人获得与自然的短暂“和谐”。

别墅庭院是别墅建筑和公共空间的中间区域。简单来说，别墅庭院在形式上，使生硬的建筑与周围的环境相融合。更重要的是在功能上，它是室内空间和生活内容向室外的延伸与扩展。

别墅最大的长处在于具有拓展景观空间的可能性。在物质功能上，别墅庭院是主人生活、学习、娱乐和交流等日常性和休闲性活动的场所。现代别墅庭院所承载的活动早已超出了物质的范围，空间布局的形式成了增强某种空间特性的需要，因而私家别墅庭院具有独特的景观特点：地形构成丰富多样；庭院风格因使用者价值取向的不同而不同；景观设计不只停留在视觉层面上，而是上升到了追求某种意境的层面上。一块场地经过设计之后，便被赋予了新的内涵，它应该能体现出主人的文化背景、价值取向和生活方式，满足其物质和精神两方面的需求。

二、别墅庭院景观的平面构成要素

1960年，凯文•林奇在《城市意象》一书中，尝试找出人们头脑中对城市景观意象的要素。他通过收集居民回答的问题和一些城市意象图文资料，发现其中有许多不断重复着的要素、模式。这些要素基本上可以分为五类：路径（Path）、边界（Edges）、区域（Distinct）、中心与节点（Nodes）、标志物（Landmarks）。本书借助这一理论，将别墅庭院景观的构成要素抽象出来，对该空间进行限定。

1. 路径

路径，犹如庭院景观的脉络，是联系各区域和景观节点的纽带，起着较大的作用。主要表现在两个方面：首先，路径起到导游的作用，它组织着景观的展开和游人的观赏程序，使景观序列依次铺陈，如图1-20和图1-21所示。其次，路径具有构景作用，其本身也是造园素材之一，通过对路径在平面线形、铺装材料、图案、色彩等方面的设计，配合其他景观元素，形成较好的景观，如图1-22和图1-23所示。

景观轴线是景观视线的通廊，它的存在通常由路径引导与视觉暗示产生。路径是景观轴线的一种形式，与通过视线组织的视觉轴线共同构成景观的联结要素。轴线强调了庭院的线形交通。空间沿轴线展开，庭院因轴线的存在而具有方向性，并受到轴线上各种景观节点与景观区域的统领。路径的设计，必须以方向性为纲，同时注重“连续性”和“节奏感”，避免平铺直叙，过分简单化。

图1-20　路径指引

图1-21　路径视觉暗示

图1-22　路径材质区分

图1-23　路径铺装构景作用

2. 边界

边界包含庭院与公共空间之间的外边界，以及建筑与庭院之间的内边界。设计中，要注重内边界的虚化与外边界的强化，而外边界更为重要。“空间的本质就是让空有边界。”按芦原义信的说法，所谓（积极空间的）规划性，从空间论的角度说，首先要定出它的外围边界，然后由外向内地考虑内部的整体协调。相反,（消极空间）缺少任何规划性。所谓缺少规划性，按空间论的说法是指那种由内向外的、发散的、延伸的不规则性。因此，边界的确定与界定的形式，不仅具有功能，而且具有含义。边界使庭院在内外两方面获得秩序。

外边界定义了别墅庭院的内与外。以前，围墙与围栏等明确的硬性划分是外边界的主要形式，而如今，开敞或半开敞的外边界形式也时有所见了，这既是现代人开放心理的体现，也与日益普及的电子监控系统有关。开敞式外边界，边界内外景观要素具有相互的渗透性，设计上要考虑适当的过渡形式。

外边界除了界定内外的功能之外，还有以下一些作用：①视觉屏蔽。通过围墙、乔木和灌木、地形和草坡屏障路人的视线，保证庭院的私密性，同时也为庭院内的人们过滤了边界外的视线干扰。②减少噪声。植物、景观界面结合地形可以减少来自边界外的噪声，为庭院营造安静的环境。③修饰别墅外观形象。外边界往往是向外展现庭院风格的关键部分。如竹篱柴扉、花窗曲墙等具有东方乡土特色的素材，配上中日式庭院是很适合的，但与欧式风格就不易协调。相反，花式铁栅与厚重石柱的组合，则适合的面要广一些。没有东西方传统特征的前卫或现代矮墙，就可以在更为广泛的场合灵活使用。在庭院内，矮型的竹篱柴扉可以分隔出不同的空间，营造不同的情趣，如图 1-24 所示。

内边界是建筑与庭院的过渡带，对提高室内环境质量有重要意义。它通过基础种植使户外行人与室内拉开距离，避免室内外近距离对视的尴尬，主要为室内制造不被干扰的良好环境。同时，内边界采用卵石、草地、灌木、铺装的形式，有效地将建筑的边界柔化，自然延伸入庭院环境之中，使人产生美的体验，如图 1-25 所示。

图1-24　边界视觉屏障

图1-25　修饰别墅外观形象

3. 区域

区域指庭院活动的发生地点，主要包括比较大的活动场所和主要景观，如鱼池、游泳池、面积较大的植被与铺装。在规划比较合理的别墅用地中，庭院的主要景观区域应该与所谓“后院”的功能相对应，如图 1-26 至图 1-28 所示。后院带有一定的私密性，是住宅用地中变化最多的地方。

图1-26　功能性区域(1)

图1-27　功能性区域(2)

图1-28　功能性区域(3)

景观区域因为功能的重要性，景观质量和所占据的区位使其自然成为别墅庭院中的景观焦点，景观主轴将各处景观区域连接起来，形成序列。

4. 景观节点与障景

景观节点往往是空间的焦点，引领景观轴线的延伸。在实践中，体现为较大型的或引人注目的形态，如花墩、种植槽、高大乔木、雕塑、凉亭、影壁，等等。相邻的景观节点以视知觉感应相互连接，辅助形成完整的主导轴线，如图 1-29 至图 1-31 所示。

图1-29　私家庭院——南亚风格庭院节点(1)

图1-30　私家庭院——南亚风格庭院节点(2)

图1-31　苏州独墅湖低密度生态别墅景观节点

障景是古典园林艺术的一个规律，就是“一步一景，移步换景”，最典型的应用是苏州园林，采用布局层次和构筑木石来遮障、分割景物，使人不能一览无余。古代讲究的是景深、层次感，所谓“曲径通幽”，层层叠叠，人在景中。

5. 出入口

出入口是边界的一种特殊形式。庭院出入口与别墅大门之间的区域称为前院，是出入口的附属区域。前院可以说是私人庭院内的公共环境。大多数别墅用地的前院有两个基本功能：①它是从街道观赏别墅的前景，这个功能要求其具备一定的景观特色；②它是到达别墅建筑及其入口的一个公共区域，这个功能要求它主要应作为通路而存在。

从景观学角度考虑，前院为街道欣赏住宅提供了一个“背景”；作为一个公共区域，它是别墅主人以及拜访者进入室内的重要通道，也是进入庭院景观序列的前奏。因此前院的形状和景观的形式感备受关注。根据概念设计中对风格的定位，做不同的处理，比如欧式豪宅，宜搭配色调相应的拼花路面，有的还可以在屋前设置水景之类；如果是中式或日式院落，则两门之间的路以曲折形为多，配以影壁、回廊，以避两门相对，路面可做成小鹅卵石虎皮花式，或是草坪汀步等；如果是比较前卫的现代风格宅院，就要在点和线、色调和造型上做文章，在所有的方面都要与整体风格相吻合，如图 1-32 和图 1-33 所示。

图1-32 出入口(1)

图1-33 出入口(2)

对某些建筑用地规划不同的别墅来说，前院也可能就是庭院的主要部分，将后院较私密性的功能无奈地设置于此了。这样的前院，私密性的保证仍然是设计时必须考虑的重要因素之一。

6. 外部环境

外部环境指的是庭院外边界以外向四周延伸的广阔空间。我们可以将庭院看作是外部环境这个“底”中的“画”。一般来说，设计上主张庭院应与外部环境相协调，以取得相得益彰的效果。但往往业主对庭院形式的选择与开发商所营造的外部环境很难融合在一起，差异在所难免。因此，外部环境作为平面规划的构成要素，设计上很难强求能与其他五个元素相协调，却经常作为“被看”的景观，通过巧妙的“借景”设计进入庭院景观的整体构图之中，如图 1-34 至图 1-36 所示。

图1-34 外部环境(1)

图1-35　外部环境(2)

图1-36　外部环境(3)

实例赏析

萨伏伊别墅坐落在法国普瓦西，一个伊夫林地区的小镇，毗邻塞纳河。萨伏伊别墅坐落在山顶，一片巨大草坪的中央，有两条小径通向别墅的背面，小径两侧种满了玫瑰花。基地微微凸起，主立面朝向北侧，可以俯瞰塞纳河的景色，如图1-37所示。

萨伏伊别墅宅基为矩形，长约22.5m、宽为20m，共三层。轮廓简单，像一个白色的方盒子被细柱支起。水平长窗平阔舒展，外墙光洁，无任何装饰，但光影变化丰富，如图1-38所示。它是勒·柯布西耶建筑设计生涯中最为杰出的作品。

底层房屋三个侧面都是柱廊（五柱式，巴洛克式建筑的风格之一），廊柱将建筑的重心抬高，给人们的视觉感受是飘浮起来了。

阳光浴室被设计成流动的曲面形。半围合的曲面墙上，通过曲面和直立面的镂空围合使得屋顶空间更为灵活，均匀而和谐，稳重而典雅，是勒·柯布西耶绘画和雕刻艺术结合的典范。

图1-37　萨伏伊别墅的地理位置

图1-38　萨伏伊别墅建筑

如果将萨伏伊别墅和帕提农神庙的立面进行比较，我们发现两者都有着坚实的基座，保持着黄金比例的中部和开放的顶部。然而在萨伏伊别墅里，古典主义三段式已经结合了现代的简约，如图1-39所示。

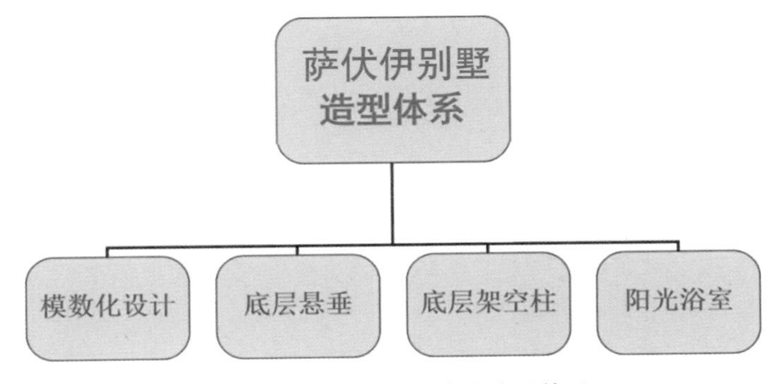

图1-39　萨伏伊别墅建筑造型体系

1. 别墅的分类有哪些？请举例说明。
2. 中国古代别墅建筑的特点是什么？
3. 别墅建筑未来的发展趋势是怎么样的？
4. 别墅庭院景观平面构成要素有哪些？请结合案例说明。

第二章

别墅建筑的设计分析与构思

学习要点及目标

了解别墅建筑的设计流程和设计方法，根据设计前期准备掌握的基本条件进行合理设计；了解别墅建筑设计构思的理性层面和非理性层面；掌握别墅设计的主要步骤、平面设计的原则与方法、别墅的空间构成和表达；了解别墅建筑的外部造型与风格。

本章导读

建筑设计也是一个从已知条件出发的求解过程，对基地条件的分析如同仔细探讨习题的限定条件，并以之为起点进行演绎和推理，以寻求最佳的结果。对基地的分析是别墅设计的第一步，基地往往以自身的形态和条件成为制约设计形态自由发展的限定因素，同时基地所处的地理位置，基地的人文环境条件，基地本身的地形、地貌、日照、景观等条件，也为设计提供了必要的线索，使别墅成为特定条件下的必然产物。对基地条件的仔细分析为赋予别墅丰富的个性创造了必要的条件，并使设计有所依据，并非凭空想象。基地分析包括基地的自然条件分析和基地的人文条件分析。

第一节 别墅建筑设计的前期准备

一、别墅建筑设计信息的采集

别墅建筑方案设计的准备阶段，也是信息的收集阶段，将直接影响到设计的合理性与经济性。信息收集与分析的主要内容包括场地自然环境条件、人文景观要素、社会经济条件要素三大方面。在资料的收集整理阶段，应注意这些基础资料的目的性、可靠性与原始性。设计师将所收集到的材料、所面对的条件、所遇到的问题做出归纳和选取，从而对所设计的项目形成概念上的认识，并进行初步的综合考虑。

人与环境的关系一直是建筑师关注的中心问题之一。建筑师只有立足于环境，创造性地解决整体与局部、自然和人工的关系，才能使作品融于环境中，与环境达到和谐共生，实现自身的价值。环境条件通常包括自然环境和人工环境。

别墅建筑所处的自然环境是一个处于某种层次的自然生态系统，在这个系统中，地形、地貌、地质、空气、植被、气候、水文等各生态因子是互相作用、相互平衡的。为了维持生态系统的平衡，别墅建筑中人工营造的部分，如道路、建筑、人工绿化系统、构筑物等，要受到自然要素的作用和约束。人们为了满足自身对环境的理想要求，也要对自然环境进行利用和改造，使自然环境更好地服务于别墅的使用功能和日常生活。

自然环境要素分为有形和无形两方面。无形自然要素主要是气候条件，如风向、光照、空气等，一旦建筑场地确定，这些要素是人力不可改变的，我们只能采取办法利用和适应。

有形自然要素主要有地形、地貌、水文、地质、绿化等，相对来说是可以被人改变的，如图 2-1 所示。

图2-1 现代庭院——土耳其博德鲁姆半岛火山别墅群

1. 基地自然条件分析

基地的自然条件分析包括分析基地周围的景观、日照条件，以及基地本身的地貌、植被、地形和基地的形状等，通常，基地本身的诸多因素极大地限定了设计的自由。比如基地的坡度往往直接影响别墅的平面形态和剖面设计。然而，在充分分析的基础上，细腻而准确的处理也可以化解基地原有的不利因素。

（1）基地景观分析。基地的景观包括基地周围的自然风光，如海景、山景、植被、林木等；人文景观，如古迹、文物等；以及基地范围内的可以成为景观的一切有利条件。对基地周围的景观条件的细致周全的把握，可以作为预先设定别墅开窗主要方向的根据，并通过对景、借景等手法充分利用环境因素，将人文、自然风光引入别墅内部，同时把杂乱、嘈杂的不利因素阻隔在别墅的视野范围之外。

景观分析的主要方法是对基地地形图的仔细分析和标注，以及对基地进行现场勘察。许多建筑师往往是亲自在基地上踏勘，在地形图上详细标注视野范围以内的自然造物，以及从基地看去的视角和视距，甚至包括山的高度、仰角等，以便确定别墅开窗的方向和角度。

对基地的分析也有利于把握建筑建成后对基地所在自然环境造成的影响，预见影响的结果。赖特的许多住宅作品依山而建，在选择建筑位置时，赖特分析了建筑物对山体形态的影响，认为别墅不宜建于山顶，而应该选择山腰的位置，一方面使建筑融于自然，另一方面不破坏山体形态，顺应自然，尊重自然。流水别墅“背靠陡崖，生长在小瀑布之上的巨石之间，水泥的大叠摞在一起，它们宽、窄、厚、薄、长、短各不相同，参差穿插着，好像从别墅中争先恐后地跃出，悬浮在瀑布之上。那些悬挑的大阳台是别墅的高潮。在最下面一层，也是最大的、最令人心惊胆战的大阳台上有一个楼梯口，从这里拾级而下，正好接临在小瀑布的上方，溪流带着潮润的清风和淙淙的音响飘入别墅……”赖特巧妙地利用了自然的声响，这不得不令人叹为神来之笔。“平滑方正的大阳台与纵向的粗石砌成的厚墙穿插交错，宛如高度抽象的绘画作品，在复杂微妙的变化中达到一种诗意的视觉平衡。室内也保持了天然野趣，一些被保留下来的岩石好像是从地下破土而出，成为壁炉前的天然装饰，一览无余的带形窗使室内与四周浓密的树林相互交融。自然的音容从别墅的每一个角落渗透进来，而别墅又好像是从溪流之上滋生出来的……”如图 2-2 所示。

图2-2　流水别墅

分析景观条件以后，在中国传统造园中常用的借景和对景手法往往对基地与建筑形成有机联系起着重要的作用。所谓借景就是借用环境中的景观因素作为建筑景观的一部分，对景就是通过特别设计的一系列空间限定，使环境景观中的特定因素成为建筑视野中的对应物。对基地的景观分析可以在设计之初确定所选的借景或对景物体。

当然，基地环境有时也不尽如人意，建筑师不希望一些杂乱景物进入别墅的视野，因而需要在基地分析时做出标定，以利取舍。尤其是在建筑密集的城市地段，基地周围的建筑往往已经建成，基地处于这样的缝隙中，必须考虑与周围建筑的关系，比如与相邻建筑的山墙的关系、周围建筑对别墅造成的影响、别墅对邻里建筑的影响等。这些影响包括建筑间彼此对日照、主导风向的遮挡、视线之间的干扰，以及别墅自身及邻里的建筑风格对街景的影响等。安藤忠雄的作品“住吉的长屋”建于大阪市中心的狭长基地上，如图 2-3 所示，周围环境嘈杂混乱，多为零乱的多层建筑，没有建筑师所需要的天光云影、湖光山色。为了回避不利的环境条件，建筑师把建筑外墙完全封闭，除了入口，不开其他的洞口，同时在建筑中心设计一个庭院，从庭院感受风霜雨雪、四季变换。当然，安藤忠雄采用的是最为极端的设计手法，通常许多建筑师采用封闭某些视野范围的方法，以规避不利的景观条件或邻里环境。

（2）光照分析。在建筑设计中，日照是重要的自然因素。日照影响着别墅的采光和朝向设计，以及各个功能空间的建筑布局。通常别墅的生活起居空间需要比较充分的日照，并争取布置在南向以及东南或西南朝向，而别墅的服务、附属空间则多布置于没有直接日照的北向，如图 2-4 所示。

图2-3　住吉的长屋

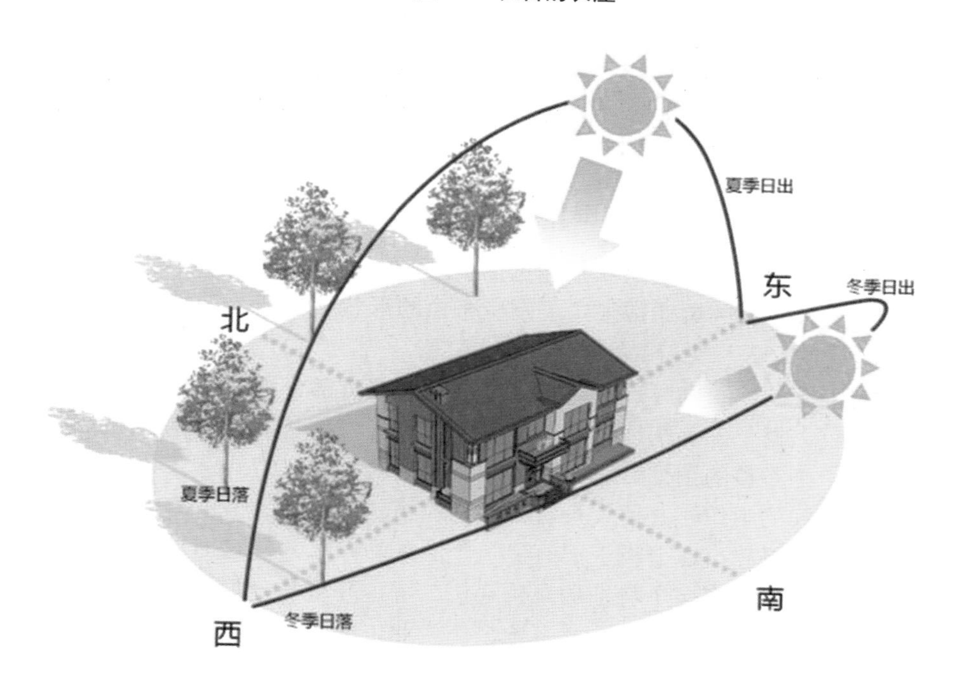

图2-4　日照朝向

对日照的分析要把握太阳的运动规律，动态分析一日内太阳由东向西的运动轨迹，以及一年春夏秋冬四季的太阳高度角变化，在争取日照的同时，做到夏季的遮阳。对一日内日照方式的把握主要涉及以下几个方面：①早晨太阳位于东面，早晨的阳光明亮，但温度不高，在此日照范围的区域适于布置早餐空间及厨房；②上午至中午阳光的照射使温度逐渐升至最高，亮度也同步增强，到中午太阳运动到正南向，在此日照范围内适宜布置起居室、餐厅以及温室等空间；③中午到下午太阳从烈日当空而渐渐西沉，西面的阳光比较强烈，通常会以遮阳板或花架遮阳。在许多处于郊野的基地，日落的景色也是壮丽的自然馈赠，在建筑设计中需要考虑。另外，一年中随着四季的更替，各个季节太阳高度角也有所不同，夏季太阳高度角比较大，冬季比较小，因此需要据此对别墅房檐的出挑宽度进行设计，以求夏日遮阳和冬季阳光尽可能多地射入建筑内部，如图 2-5 所示。

在建筑造型设计中，对光影的考虑也是不可缺少的一个重要环节。瞬时变化的光影会使建筑的层更加丰富，色彩更加生动。把阳光作为建筑塑造中的动态造型元素，分析和把握每日、每季的太阳高度、温度的特征，有利于建筑设计细部的深入。

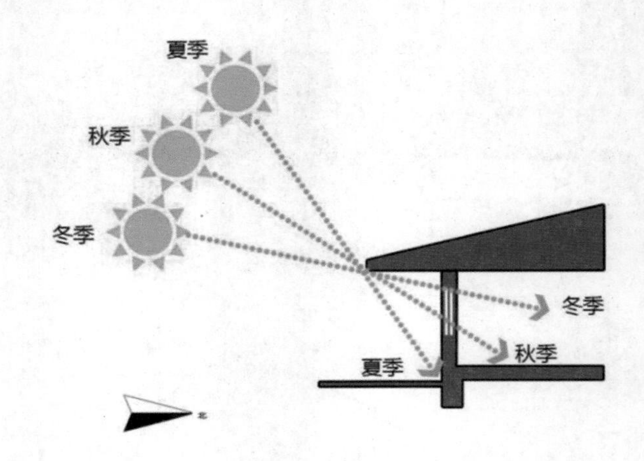

图2-5　日照分析

（3）基地地貌条件分析。基地地貌条件包括基地上的现存建筑物、植物、石头、池塘等现存的物质因素。这些地貌因素通常限定了别墅平面的形状和布局，需要在地形图上做出详细的标定，以便设计的深入和完善。

通常基地上有现存的建筑物时，新的部分往往是对旧有部分进行增建，需要新旧的结合和配合。旧建筑不仅占据了部分基地，同时也包含部分的使用功能，新建部分必须与旧有部分携手合作，成为一个完整的别墅。对旧有部分所具备的功能与空间进行分析，有利于把握新旧结合的方式、空间的组织，并使其具有协调的风格。例如，哈里里姐妹设计的新卡南住宅是为一个老建筑进行增建，在分析了旧有建筑平面的基础上，建筑师以旧建筑的入口部分作为新与旧的结合点，以具有乡土特征的廊桥连接二者，并重新分割了住宅的室内空间；而戴恩·多那设计的马什住宅的基地上，原有一个作为业主的画室的单层石材建筑物，建筑师不仅对它进行改造，使之成为住宅的一部分，同时在建筑的底层选用与原有画室相同的石材作建筑材料，以求风格上的统一。

基地上无法移动的巨石、不能伐倒的古树虽然局限了建筑平面的自由发展，但如果处理得好，也可以成为建筑设计的点睛之笔，如住宅平面围绕一棵参天大树展开，或以之作为庭院中的视觉焦点、空间序列的高潮，都可以不辜负自然造物的天成情趣，使设计与基地周围的特征有机融合。在贝聿铭的香山饭店设计中，大师在地形图上相应标注每一棵古松的位置，使基地上的绝大部分古松得以保留，令建筑平面在曲折辗转中具有自然的雅趣，新建的建筑也可以掩映在松风之中。

（4）基地坡度分析。所选基地基本上都是不平坦的，尤其在城郊或野外的基地，基本都会随地表的自然走势有或陡或缓的坡度。对于小于 3% 的坡度，在建筑处理上就可以大致按照平地的处理方式进行设计。然而在许多地处郊野的基地，坡度时常很大，有时甚至可以达到 45°，这样的地形将对别墅的平面、剖面设计产生极大的影响，限制空间组织的方式和平面的自由展开。

对于坡度较大的基地，平面设计可以采用基于坡度层层跌落的布局方式。而层层跌落的布局，必须根据地形坡度对建筑的剖面细致设计以使建筑的跌落方式与基地相吻合。此种设计手法可以使建筑形态比较自由舒展，风格更具野趣。加拿大建筑师埃里克森设计的史密斯住宅(见图2-6)和美国建筑师弗兰克林•埃斯瑞尔的德瑞格住宅是这种跌落式别墅的典型代表，虽然二者的建筑风格不同，但建筑的空间组织方式极其相似。建筑的入口选择在建筑的最上层，空间逐层随基地的坡度台阶状展开，每层具有近似的功能属性或私密程度，各个楼层间以室内楼梯相联系，同时结合室外的台阶、平台、庭院等形成丰富的空间层次。

图2-6　史密斯住宅

有的设计也可不理会地形的坡度，别墅垂直于基地，通过一座桥使建筑的某一层与外界相连。例如，迈耶的道格拉斯住宅（见图 2-7），面湖建于山坡之上，建筑四层高，入口在最上层，一座桥从室外道路引入住宅的最高层。建筑并不就地形和试图与基地的坡度相吻合，而是以独立的体量与基地硬性碰撞在一起。白色的建筑与环境的自然形态并不调和，而且在布局上也以一种与基地对立的方式表现自身，从而表达建筑师独特的手法和个性。

（5）基地形状分析。基地的形状通常会极大地限制平面形态的发展，比如基地处于城市中心地区的密集社区中，在周围建筑的包围之下，基地被周围建筑所界定，此时基地的形状可能不太规则，特定的基地形状将限定别墅平面的形态。如墨西哥的李氏住宅，基地周围的建筑都是三层高的独户住宅，建筑与北面的三层建筑的山墙相接，使建筑北面的建筑形态被限定，为了争取南向的采光，不得不在建筑的南面留出庭院和露台，同时为了保持街景立面的完整性，建筑沿街的部分立面其实只是一片三层高的墙，以期使之与邻里建筑相配合。

图2-7　迈耶的道格拉斯住宅

平面设计的母题，演绎出独具特色的建筑平面。例如，西班牙的瓦维垂拉独户住宅，基地不仅处于坡地之上，而且形状极不规则，建筑师把它分解成三角形和梯形，并以这两种形态作为建筑平面设计的母题。建筑平面被处理成彼此平行的两个体系，中间以一个平台相连。在外观上，坚实的体量与尖锐的棱角让人联想到贝聿铭的华盛顿美术馆东馆的处理。

2. 基地人文条件

建筑在本质上都必然处于特定的自然与人文双重环境中，受自然环境与人文环境的影响和制约，同时建筑也通过自身的形态作用于自然和人文环境。不同地域文化会造就不同的建筑形态和风格，同时地域文化也反映在居住者的生活方式中，使建筑的空间布局、使用方式、建筑特征有所差别；不同的宗教信仰对住宅有不同的要求，如伊斯兰住宅中极其讲究的朝拜空间等。对基地所处地域的人文环境的把握，可以使建筑更加合乎使用需求和精神需求。

基地的人文条件分析包括分析基地所处的特定地区的文化取向、建筑文脉、地方风格，以及详细了解限定别墅设计的地方法规、规划控制条例，等等。

（1）文化取向、文脉与风格。建筑的文化取向表达了建筑在精神层面的需求。在别墅的设计中，具有不同文化取向和价值观念的居住者的生活方式极大地影响着设计的最终形式。比如和风建筑以榻榻米的尺寸为建筑模数，以推拉门分割空间，建筑通透，空间变化丰富多样，而且住宅内的和室往往并不需要直接对外的采光，在形式上如同通常建筑设计中所忌讳的“黑房间”。

对地方建筑传统的深入了解和仔细研究，也有利于建筑设计的地域性特征的形成。例如斯蒂文·霍尔所设计的温雅住宅，基地位于马萨诸塞州的海边，建筑师并没有简单采用常规的建筑形式，比如当地常见的维多利亚橡木农舍、海边的船长住宅等。相反，建筑师希望建筑可以表现更加深层的文化内涵。在他对当地建筑传统进行了比较深入的研究之后，从当地印第安人传统的建屋方式中得到灵感：传统上，当地的印第安人建窝棚时，会选择海边已经风干的鲸鱼的骨架作为建筑的主要支撑结构，在骨架上覆以树皮或动物皮革作为墙体。

对地方建筑文脉的了解，也是人文环境分析的必要组成。所谓文脉（context）就是指建筑所处环境中周围建筑的特征和风格。在特定的地区，尤其是在具有某些历史风格或乡土风格的地段，更是需要对当地的地方建筑特征进行分析和总结、概括，从而做到建筑风格的和谐与统一，以及建筑精神气质的一脉相承。

此外，了解并尊重业主的生活方式和生活习惯，也会赋予别墅以个性特征。

案例分析

弗兰克·盖里（Frank Gehry）的诺顿之家

诺顿之家设计于1984年，如图2-8所示，位于洛杉矶威尼斯海滨大道（Venice Boardwalk），用地虽然局促，但却面朝大海。房子的两位主人，Lynn Norton是一位艺术家，William Norton是一位作家，他们的预算非常有限。他们在设计之初曾参观过刚刚建成的盖里私宅，显然很认同他的设计理念，于是允许他以非常低的建造预算再做一次实验。

诺顿之家其实是一堆错落的盒子由一些室内外楼梯连接而成的建筑群，每个盒子的屋顶都可以上人，每个盒子有着不同的颜色。建筑首层有两间卧室、一个工作间和一个车库，二层是主要的起居室及厨房、餐厅，三层是另外的卧室以及通向屋顶露台的楼梯。最显眼的一个盒子位于住宅入口上方，由一根单柱支撑，像一个瞭望台面向大海。很明显，这里是作家诺顿写作的地方，通过一个单独的室外楼梯进入，仿佛一个想要与世隔绝的庇护所。其实作家诺顿年轻时是一名海上救生员，也许这个瞭望台似的小木屋能够让他时常记起自己的青春岁月，从而激发创作灵感。

弗兰克·盖里的这次实验以非常廉价的日常材料进行创作，却实现了有趣的空间体验。同时还可以看出早期盖里受日本文化影响的痕迹，比如入口处类似日本神社常见的“鸟居”，屋顶上插着的“鲤鱼旗”……

图2-8　弗兰克·盖里的诺顿之家

（2）地方法规和条例。基地所处地方的人文条件也包括地方建筑管理机构为基地及基地周围的建筑形式、构建方式、基地使用情况所规定的某些限制。这些限制包括当地的地方法规、基地的红线要求、建筑的退红线规定，以及对建筑高度、建筑风格等方面的具体要求。

所谓建筑红线是地方规划部门根据基地周围的建筑布局所制定的对建筑构建范围的限制，建筑物不得超越基地的红线范围，而且有时建筑物不能紧压红线，需要退离红线相应的距离。规划部门出于对公共利益的维护，通过对红线、退红线的规定，以及对建筑高度的规定等，限制建筑的自由延伸，使建筑与左邻右舍协调起来，赋予环境以整体性。另外在许多历史地段，管理部门往往还仔细地规定建筑必须具有的某种具体的风格特征。

二、别墅建筑设计确立的目标

1. 明确设计问题

在日常生活和科学研究中，我们经常会遇到一些需要解决的问题。这些问题的普遍特点是，首先，我们必须知道存在什么问题；其次，我们要做的是探求解决问题的方法和途径。在别墅建筑设计中，建筑师遇到的问题往往是如何在达到目标之前先确定目标，并制定所需要和希望达到的特定要求。尽管如此，别墅建筑方案设计过程的重点在于发现问题的过程，而不是过早地确立目标。

2. 把握问题关键

在众多的设计问题之中，总有主次之分，甚至同一矛盾也包含有矛盾的主次方面。在概念构思阶段，强调抽象和概括的思维方法，因此设计上并不要求面面俱到，但对于在设计问题中具有重要作用的要素，我们必须将其抓住，这样就有可能实现设计上的突破，至少是为突破打开缺口和提供契机。

对实质性要素的把握并无一定之规，这同建筑师本人的修养、素质有很大的关系。不同的人对相同的设计条件会形成不同的设计概念，并会进一步提出各自独特的理念。因此，建筑界众多大师都有其各自独特的风格。从某种意义上讲，能否抓住问题的实质，是能否形成出色概念方案的重要前提。

3. 确立设计目标

确立设计目标阶段的思维特征更多地表现为理性思维，常以以记录性为目的的程序性思维和以归纳、总结为主的逻辑性思维为主导。建筑师为了形成解决设计问题的明确概念，要进行一系列的逻辑思维活动，对设计的表面的、个别的、具体的认识通过判断、推理、归纳、演绎、分析、综合，从而达到对问题本质的、整体的、抽象的认识，更加深刻、全面地反映出事物的内部联系，形成设计概念。

设计目标往往表达为抽象性的图形线条或描述性的语言文字。例如，功能要合理，流线要简洁，要与周围环境协调，要有时代性和独特性，要充分考虑其经济性，别墅建筑要表现某种风格等。这些设计目标的提出是发现问题的重要步骤，对别墅建筑概念的形成有着总体方向上的指引，因而是必不可少的。

第二节 别墅建筑的设计方法

确定构思需要达到的目标或就某个问题的解决而提出大致的方向还远远不够，还需要针对这个目标和方向提出初步的别墅建筑构思，即把这种目标“物化”成某种建筑意象。目标与建筑意象相融合，才完成了发现问题的整个过程。尽管这时的别墅建筑意象还不成型，甚至极为模糊，仍有待于后来解决问题时不断对其增减完善，甚至否定、排除，但这个别墅建筑意象的形成，是发现问题的高级层次，是发现问题的关键和最终目的。

一、环境构思法

在进行别墅设计时，以建筑所处的环境作为构思的依据，受到启示或引发灵感，这种构思方式就是环境构思法。环境是由自然、社会、文化、建筑、景观、人文等要素构成的系统，可包括自然环境和人为环境。

1. 自然环境构思法

别墅建筑本是郊野风景区的居住建筑，用以满足人们享受大自然的空气、阳光、小溪流水、森林、原野等的需要，与自然环境有着极为密切的关系。别墅设计者都十分注重对地形、环境的选择及利用，以求得建筑与环境的有机联系。自然环境构思法可分为两种类型：顺应环境和创造环境，如图 2-9 所示。

图2-9 美国得克萨斯州Edgeland住宅景观设计

1）顺应环境

世界各地区的地形地貌是丰富多样的，有山岳、丘陵、平原、盆地、沙漠、沿海岛屿等，别墅建筑在不同的地理特征区域，反映出不同的规划方式、房屋平面布局方式、朝向等。植根于自然，建筑与自然环境有机融合的形式符合中国“天人合一”的宇宙观，将建筑与自然融为一个有机整体，不但能体现其自然之美，而且维护自然环境，更是人类生存的最佳方式，如图 2-10 所示。

图2-10　别墅顺应地形地貌

别墅建筑所处地形或地势平坦，或缓缓起坡，或险峻陡峭，合理利用地形，可以形成丰富的建筑空间。如在临近江河、溪流的平坦地区，建筑布局随地形、水势平行布局，建筑朝向水面，以争取良好的景观和便利的交通。住宅平面布局多为“一”字、“十”字布局，并以纵向延伸为主。为了获得更大的纵向进深，临河岸而建的房子则采取依附河岸悬挑 、退台、吊脚等灵活自由的措施，从而获得丰富的层叠空间层次感，丰富城镇江岸的轮廓。而地处山地地区的别墅建筑，则多坐落在地形起伏向阳的山坡上。如山坡稍缓，建筑则平行等高线布置，其走向根据山势起伏而变化，街道多为曲折带状，巷道与街道垂直，高程变化显著，如此处理可以减少土方量，有利于排水以及通风、采光；如山坡较陡，别墅建筑则垂直等高线布置，这样街道走向视山势走向而自由弯曲，高程变化更大，应设台阶，为节约土方量，并争取更多的建筑空间，建筑多采用加大纵向进深和错层布局的设计手法。别墅建筑依山取势，因势取形，沿着山坡层叠而上，建筑轮廓变化极为丰富，建筑空间具有明显的节奏感，如图 2-11 所示。

图2-11　别墅庭院依山取势

别墅建筑顺应地形地貌还体现为别墅建筑与自然环境的景观视觉特征相互协调。景观视觉特征研究是以视知觉理论为基础展开的视觉美感分析。分析别墅景观的视觉形式特征，便于我们进行别墅景观的视觉设计。以山地别墅为例，山地别墅景观的视觉特征研究主要从地形地势、山体肌理和植物这三个方面展开。不同山体的地形地势不同，所具有的视觉特征的美感也会有所差异，包括高耸峻立之美、陡险峭拔之美、平坦旷远之美和低落幽幽之美等。自然山体间的排列组合是在自然原则下自发生成的，呈现出较为和谐的组织秩序，视觉效果统一且协调。一切建造活动，应该尊重山体本身的走势，不可因随意乱建乱改而破坏视觉的整体协调性。山地景观肌理包括山体和植物的纹样、色彩、凹凸感、质地等因素形成的视觉和感官印象。在山地别墅景观设计中，我们要注重人工材质与自然材质的整体性。在山地别墅这一具有良好自然性的环境中，人工造景的时候要尽量选用原生态的造景材料和植物，不可以滥用整形修剪的植物。

建筑师在自然环境中也采用文化的、地域的、乡土的、类型学的策略来设计构思。这也表现在不同建筑师对场所精神有不同的个人理解上，这也是在相似的环境中，不同建筑师有不同的感受和想法的原因之一。

气候是一个基本恒定的自然因素，适应气候的建筑才能实现可持续发展。例如，在冬季寒冷的北方地区，整体建筑的感觉比较“重”，无论从色彩还是质感上来说都是如此。多采用灰砖墙、灰瓦顶，厚重的色彩从清洁、心理感受方面都能适应北方恶劣的天气。寒冷的天气中，御寒保温是首要问题，建筑空间形式封闭厚重，可以尽可能地储存热量。南方则不然，夏季酷热多雨，对通风、散热、遮阳、挡雨、防潮等降温要求特别讲究。通过设小院、天井、窄巷来求得增加空气流动、带走热气的效果。平面布局则多为开敞，一字形、L 形、工字形、外廊式居多，吊楼、敞厅、挑檐、重檐、凉台等构件成为南方地区建筑的符号特征。

以印度为例，印度的气候特征明显，属于热带高温气候，许多建筑师都在那里做了许多成功的尝试，如勒·柯布西耶通过对印度气候的研究分析，形成了以遮阳构架和凹入的廊子为代表的设计语汇；路易·康则十分注意院落的组织和阴影空间的创造；柯里亚则创造了“露天建筑”“管式住宅”的形式。

赖特的流水别墅（Frank Lloyd Wright， Fallingwater House）

流水别墅是赖特为考夫曼家族设计的别墅，其图纸如图2-12所示。在瀑布之上，赖特实现了“方山之宅”的梦想。别墅正面在窗台与天棚之间，是一金属窗框的大玻璃，悬挑的楼板锚固在后面的自然山石中，虚实对比十分强烈，整个构思非常大胆，现已成为无与伦比的世界最著名的现代建筑之一。

一方面，从流水别墅的外观，我们看到那些水平伸展的地坪、便道、车道、阳台及棚架，沿着各自的伸展轴向，越过山谷向周围延伸，以一种有机的空间秩序紧紧地集结在一起。同时，巨大的露台扭转回旋，恰似瀑布水流曲折迂回地自每一平展的岩石下落一般。整个建筑看起来像是从地里生长出来的，但更像是盘旋在大地之上。流水别墅似乎飞跃而起，坐落于宾夕法尼亚的岩崖之中，指挥着整个山谷，超凡脱俗，瀑布所形成的雄伟的外部空间使流水别墅更为完美，在这儿自然和人悠然共存，呈现了天人合一的最高境界。

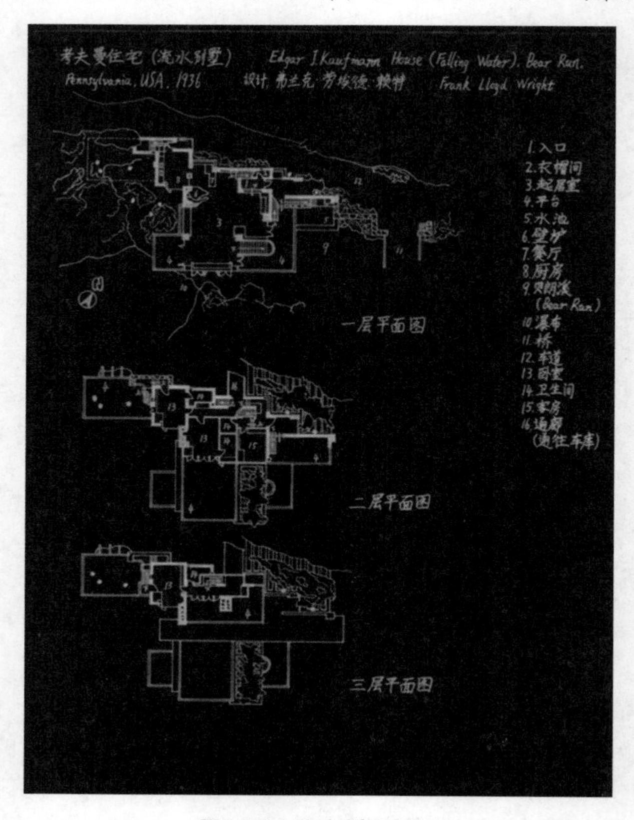

图2-12　流水别墅图纸

另一方面，流水别墅不同凡响的室内空间使人犹如进入一个梦境。赖特对自然光线的巧妙掌握，使内部空间仿佛充满了盎然生机。同时，在材料的使用上，流水别墅也是非常具有象征性的。所有的支柱都是粗犷的岩石，石的水平性与支柱的直性产生一种明显的对抗；所有混凝土的水平构件，看来有如贯穿空间，飞腾跃起，赋予了建筑最高的动感与张力。例外的是地坪使用的岩石，似乎出奇地沉重，尤以悬挑的阳台为最，因为室内空间需要透过巨大的水平阳台衔接巨大的室外空间——崖隘，而由起居室通到下方溪流的楼梯，关联着建筑与大地，是内、外部空间不可缺少的媒介，且总会使人们禁不住地一再流连其间。

流水别墅的建筑造型和内部空间达到了伟大艺术作品的沉稳、坚定的效果。这是一幢包含最高层次的建筑，也就是说，建筑已超越了它本身，而深深地印在人们意识之中，以其具象形式创造出了一个不可磨灭的新体验。

2）创造环境

别墅建筑设计一方面受外部自然环境条件的制约和影响，另一方面又反作用于环境。建筑设计过程是由建筑向环境和环境向建筑不断调整的双向过程。建筑师应考虑建筑如何介入环境，建立环境的新秩序。

顺应环境和创造环境两者之间其实并无本质的区别，都是强调自然环境与建筑要相互呼应，和谐共生。自然环境也有环境优美和比较平淡之分。因而，顺应环境和创造环境的不同之处在于别墅建筑和自然环境中，哪一个因素成为景观的主体。

克劳斯·西尔的海尔森住宅（Klaus Sill， House in Hellschen)

克劳斯·西尔设计的海尔森住宅位于德国的一个景区，平坦而开阔，对于一名建筑师来说，该方案中最重要的因素是如何用建筑元素提供一种保护，建立地域归属感。为了应对挑战，克劳斯·西尔赋予海尔森住宅两个风格迥异的侧面，并且通过建造的方式和房间的组织强化了这种概念性设计。

住宅北面外露的砌筑墙覆以铝合金面板，室内是一系列的小型服务用房和储藏室，它们在主要房间与外部环境之间起到了缓冲作用。外立面与地面垂直线之间成 10° 角，带有中世纪扶壁的风格，辅助墙的延伸超过了主要房间，从而形成外部储物间和储藏室，更重要的作用是它可以保护另一侧的阳台。朝南的起居室、卧室与工作室均为木结构，一组层压木质半门架支撑着轻型屋顶和全玻璃外墙。按照由木质门架构成的常规模数组织空间的特点，可允许分隔墙在主要房间移动或重新安装。住宅采用了倾斜的玻璃外表面以获取太阳能热量，北面石质结构和现浇的混凝土水泥地板充当了吸热板，从而进一步减少了能耗。

2. 人为环境构思法

基地本身的地理和历史背景、设计过程的背景、建筑师的观念、使用者的习惯等无形的人文要素都可以成为建筑设计构思的策略选择。根据舒尔茨的场所理论，别墅建筑就是“场所精神”的体现。

1）延续历史文脉

文脉是指介于各种元素之间的关系，确切地说，是指局部与整体之间的对话关系，必然存在着内在的、本质的联系。强调建筑的文脉，就是强调个体建筑是群体建筑的一部分，注重新老建筑在视觉、心理、环境上的连续性。每一个建筑，都是对历史、文化的反映，而一幢建筑的功能及意义，要通过空间和时间的文脉来体现，反过来又要支配文脉。通过对地段历史性建筑构图要素进行研究和分析，抽象出最具代表性的母题，在新建筑中多维应用，从而体现城市历史环境的延续性。

路易斯·巴拉干的巴拉干住宅（Luis Barragan， Casa Luis Barragan)

墨西哥的传统住宅大多是封闭的四合院形式，高两层，由门厅进入内院，房间围绕内院四周布置，多用砖石建造，以墙承重，为木屋架，坡屋顶，覆盖红色的筒瓦，采用大屋檐遮雨。

巴拉干住宅位于墨西哥城郊塔库巴亚镇中心附近一条非常安静的街道尽头。住宅采用墨西哥传统的内向式庭院，住宅的外观简朴无华，与周围的普通民居保持一致。住宅高两层，一层为家庭生活的公共区，有后花园和小庭院，厨房、餐厅、接待室、书房、工作室、休息室、秘书室、私室也都设在一层；二层主要是卧室。接待室、工作室、书房和二楼的主卧室都是二层通高的。错层的楼板形成了丰富的垂直空间。巴拉干用高低不同的隔断划分空间，形成空间与光影的变化。

巴拉干对色彩的浓厚兴趣使得他不断地在自己的设计作品中尝试各种色彩组合。他对于色彩不仅仅是研究，而是一种体验。他能够娴熟地驾驭各种艳丽的色彩，使几何化的简单构筑物透出丝丝温情，并用色彩塑造空间，给空间加上魔幻诗意的效果。他的色彩毫无羁绊地表达着各种情感与精神，"这种彩色的涂料并非来自现代的涂料，而是墨西哥市场上到处可见的天然染料。这种染料是用花粉和蜗牛壳粉混合以后制成的，常年不会褪色。你可以看到他常用那种粉红色的墙，墙边经常有一丛繁盛的同样颜色的花木，墙的颜色其实就来自这些花"。

巴拉干的作品中，最让人难忘的是一种宁静、孤独、愉悦的哲学气质。宁静让人放松，孤独让人发现自己，愉悦则让人体验生命之美，三者是互相关联的。他使用的素材，是鲜艳的颜色、简洁的墙、曲折迷离的光影、清凉的流水以及花木盆景和空地等，"建筑除了是空间的还是音乐的，是用水来演奏的乐曲。墙的重要性在于隔绝街道外部的嘈杂，街道是带有侵略性的，而墙则为我们创造了宁静，在这份宁静中用水奏响美妙的乐章，在我们身边缭绕"。

巴拉干的作品中没有教条与艰深的理论，有的只是对生活的体验和对内心情感诗意的表达。 他的作品为身处物质世界的人们赋予了精神归宿。他以情感为媒介来工作，所创造出的空间无论内外都是让人感受与思考的环境，他唤起了人们内心深处怀旧的和来自遥远世界中的单纯情感。

2）整合建筑环境

由于外部环境空间秩序是在漫长的历史发展过程中形成的，往往存在一种维持原结构秩序化组成的趋向，使秩序结构具有稳定性的特点，从而对别墅建筑设计形成一种制约。这种设计方式是把别墅建筑视为原有环境的一部分，当建筑介入环境时，必须考虑环境因素的限定。别墅建筑可以作为改变原有秩序结构的催化剂，当别墅建筑介入原有环境时，激发出新的活力与秩序，进而起到重整环境的作用。

日本妹岛小住宅（Kazuyo Sejima，S-House)

妹岛设计的小住宅是一个迷你型小楼，如图2-13所示，是在一块用地面积仅为60 m^{2}的场地建造的一座占地面积只有36 m^{2}的住宅。这栋小建筑利用了空气动力学原理，并使每层都具有相当的独立性，私人住宅中最重要的公共空间与私密空间的关系在小住宅中得以体现。小楼共分四层：一个半地下室用作卧室，日光从背靠邻近住宅的小庭院中照射进来；首层包括门厅和客厅；二层是主要楼层，有起居室、厨房和餐厅，如图2-14所示；顶层是开敞式浴室和屋顶平台，穿过楼群缝隙可以看见西边的风景。紧凑的首层布局还留出了停车的位置，二层的起居室空间非常大，相应层高也很高，逐渐缩小的顶层空间减少了住宅对周围建筑采光的影响，并在视觉上完成了整个建筑构成。开敞式钢架楼梯井内有一部旋转楼梯，支撑着混凝土地板，楼层周边由细钢柱沿建筑物的轮廓支撑，建筑外墙约50%为玻璃，主要设在西面，另外50%为电镀钢板，接缝处浑然一体。

图2-13　妹岛小住宅

图2-14　妹岛小住宅的室内空间

二、风格构思法

别墅建筑设计构思可以体现在建筑风格与流派的追求上，从古典传统、古典文艺复兴传统、中世纪传统到现代传统和当代传统，别墅建筑设计风格与流派、类型多样，设计师在进行设计构思时可以根据业主要求、环境特点与个人喜好来构思别墅的设计风格。

密斯·凡德罗的范斯沃斯住宅（Mies van der Rohe， Farnsworth House)

范斯沃斯住宅是现代主义建筑大师密斯·凡德罗的代表作品，如图2-15所示，集中反映出密斯·凡德罗“少就是多”的建筑观点和艺术特色。在这个别墅作品中，建筑大师探索了钢框架结构和玻璃在建筑中的应用，发展出一种具有古典式均衡和极端简洁的风格。

1945年，密斯·凡德罗受委托为美国单身女医师范斯沃斯设计一栋私人住宅。住宅坐落在帕拉诺南部的福克斯河右岸，房子四周是一片平坦的牧场，夹杂着丛生的茂密树林。范斯沃斯住宅造型类似于一个架空的四边透明的盒子，以大片的玻璃取代了阻隔视线的墙面，成为名副其实的“看得见风景的房间”。住宅内部仅设计了一个小小的、封闭的服务中心，把浴室、厕所这些私密性的服务设施放在里面，其他地方全部都是开敞式设计。建筑外观简洁明净，高雅别致。袒露于外部的钢结构均被喷成白色，与周围的树木草坪相映成趣。由于玻璃墙面的全透明观感，建筑视野开阔，空间构成与周围风景环境一气呵成。

图2-15　范斯沃斯住宅

密斯·凡德罗深信“结构本身能够成为一种建筑艺术的手段”，可以创造出一种建立在工程技术基础之上的建筑艺术。范斯沃斯住宅通过钢结构节点的处理体现出建筑技术精美性的特色。住宅是通过工字形钢柱将地板与屋盖结构层焊接在一起的钢骨架建筑。柱子支承在粗壮的独立混凝土基座上，骨架周边以槽钢连成整体。梁与梁间满铺的预制混凝土板形成薄薄的屋面和地板。在地板部分，这些预制板又起到了在其上面现浇混凝土附加层的模板作用，露天平台部分则以现浇混凝土做成坡向中央地漏的坡度以利于排水。地板部分有足够的深度埋设从核心单元两端的两间浴室和其间的厨房通出的排水管。

这栋全玻璃的房子是密斯·凡德罗建筑理念的一种实验性产品，但居住的便利方面则相对弱化。巨大的玻璃幕墙，使建筑内部空间从外面看时可以一览无余。密斯·凡德罗认为这种透明的方式使得住宅的空间与空气得以自由流动，而在居住者看来，这无疑是让居住成为一种公众性、缺乏隐私的行为，这也是范斯沃斯住宅之所以备受争议的根本原因。

三、技术构思法

1. 应用材料

我们生活在一个材料极为丰富的时代，无论是传统材料，还是现代材料，都有不同的性能和特点，建筑师在了解这些材料特点的同时，应该学会应用材料，发挥材料的特性。材料的恰当选择和对材质的充分发挥造就了历史上伟大的建筑，许多著名建筑师都把材料因素当作概念生成的主要途径。

日本建筑师安藤忠雄是一位运用清水混凝土墙的大师。在20世纪，很少有人像安藤忠雄这样把混凝土材料的作用在建筑中发挥得如此淋漓尽致。带圆孔的清水混凝土墙面是安藤忠雄建筑的显著外表面。安藤忠雄的建筑一般全部或局部采用清水混凝土墙面作为室外或室内墙面，这种墙面不加任何装饰，墙面上的圆孔是残留的模板螺栓孔。清水混凝土演奏了一曲光与影的旋律。安藤忠雄在材料中掺进了日本的传统手工艺，利用现代的外墙修补技术，将水泥墙面拆掉模板后进行处理，他将混凝土运用到了高度精练的层次。在清水混凝土的施工中，传统手工艺和现代建筑之间并不矛盾，高超的木模制造工艺、优质的混凝土铸造以及严格的工程管理，共同造就了“安氏混凝土美学”。许多建筑师认为安藤忠雄在使用混凝土时已经达到“纤柔若丝 ”的艺术效果，但安藤忠雄并不满足于对材料属性的一般认识，他认为只有当建筑师体悟出材料的本质特性时，才能去塑造并提炼出所需要的物质形态。

菲利浦·约翰逊的“玻璃屋”（Philip Johnson， Glass House)

美国著名建筑师菲利浦·约翰逊是一位历经现代主义、后现代主义以及解构主义的现代建筑见证人，被称为现代主义和后现代主义设计理论和实践的奠基人和领导者。1949 年，菲利浦·约翰逊设计了标志性建筑“玻璃屋”，当年正是以这幢建筑确立了自己在建筑界的地位。

“玻璃屋”是菲利浦·约翰逊最重要的建筑设计之一，如图2-16所示。森林中的玻璃房子是典型的现代设计，将周围的树木、草地提到与房子本身的结构相等的地位，把环境与结构作为一个整体来处理。菲利浦·约翰逊的设计还受到密斯·范德罗的影响。这幢矩形平面金属玻璃屋与密斯·范德罗的范斯沃斯住宅在形式上一脉相承，但又各具特色。其中最明显的便是贯穿屋顶并与透明的玻璃墙体形成强烈的虚实对比关系的圆筒实体，打破了密斯·范德罗强调的由完整结构的金属玻璃盒子形成的纯粹造型。

图2-16 玻璃屋

透明屋子中厚重的砖砌圆柱体，其使用功能是壁炉加卫生间，非但没有失调的感觉，反而使整体的感觉不再单薄，更加稳固了，而且圆柱体穿过屋顶，也起到了固定屋顶平面的作用。简约的现代设计不代表不实用，菲利浦·约翰逊在地板和天花板上都安装了导热系统，让房子在深冬的时候还温暖如春。菲利浦·约翰逊设计的整套住宅的面积为 $1.9\times10^5\text{m}^2$，除了玻璃屋，还包括客房、画廊、池塘、假山、走廊等。其实，玻璃屋、客房、雕像以及水池的布局，是模仿了雅典卫城的平面布局，仿佛雅典娜神庙以现代主义风格的面貌示人。

2. 结构形式

在别墅建筑设计中，建筑师往往是设计进行到一定程度时才会对结构、材料、构造等技术因素进行考虑，但如果设计一开始就将结构形式作为立意的起点，结构因素往往成为别墅设计的灵感源泉，它比工艺、房屋的功能更能决定建筑的形式。结构形式对方案的形成起到了决定性的作用。

慕尼黑两座半独立式住宅

慕尼黑两座半独立式住宅位于慕尼黑郊区，位于有着浓密的、高大而古老的山毛榉树的小型公园里。但对建筑师来说，对树木保护的要求不但限制了房屋的体量，而且还限制了房屋的基底面积。住宅的位置和结构必须和周围的环境良好地融合。

建筑师将住宅设计成紧凑的三层木质结构，因为该住宅需要在最小的面积上施工，相对来说，在树木之间运输立柱和连续梁是比较容易的。这些构成住宅结构框架的构件被设计在一个轴距为2m的格子结构里。水平梁结构由5 cm厚的三层薄板构成。立柱外面的立面结构让人能够很容易地就将个别的木质或玻璃构件换掉。

住宅展示了一种和谐的整体画面，其中天然的以树木为边界的环境和建筑结构相辅相成。北立面严格对称，用垂直的落叶松木构件作为覆层，只有几处狭长的窗户，与树木不规则的排列形式互补。和封闭的临街立面不同，住宅在南面面向花园的方向有一个落地玻璃结构。钢骨架典型的结构特点通过外部的对角交叉的钢支撑构件和立面构件上的彩色玻璃填充板得以强调。建筑狭窄的端壁的突出部分也全由玻璃组合而成。这些玻璃端壁通过固定玻璃、采光洞口和控制通风的百叶窗组合来实现功能上的区分。

住宅的设计强调了内部空间和外部空间相互开放的特点。在一层空间，起居室、餐厅通过户外露台连接起来。二层分隔成大小相同的三个房间。前厅开至屋顶层，并用玻璃围合起来。钢质楼梯通向阁楼上的工作室，工作室三面由玻璃构成。屋顶层的立面向后退，在单坡的屋顶下形成露台和窄小的阳台，这层的开放空间设置在树梢中，使居住者可以在城市环境中进一步品味森林。

3. 技术创新

在传统建筑中作为首要目的的形式，如今让位于基于技术的空间、结构、功能。然而，现代主义建筑的空间、结构、功能三个要素本质上源于现代技术，那么从这三个要素而来并表现着它们的形式，在本质上也同样源于技术。研究传统风格形式的建筑美学、艺术哲学转变成了机器美学、工程美学，即技术美学、技术哲学。

理查德 ·罗杰斯的杰弗住宅

理查德·罗杰斯作为“高技派”代表人物之一，在全球建筑界有着广泛的影响。他在设计中以高新技术为支撑，大胆地运用新材料，创造出灵活多变的建筑空间。杰弗住宅地处郊外，如图2-17所示，虽然建筑没有特别之处，但它的采光很好，不论建筑的南面还是北面，每天都有连续不断的阳光从木窗中照射进来。

业主杰弗希望有个可供与邻居交流的空间而且还要适应家庭的变化，于是，起居空间被一个个可以滑动的门划分成很有趣的公共空间，一个家庭空间被放置在厨房中心，而卧室和私人空间则在建筑的东面，而且它们的墙是不承重的结构，可以重新布置，内部空间是流动、倾斜的，最高处可以望到天空，而最低处可以看到田野，如图2-18所示。

图2-17　杰弗住宅

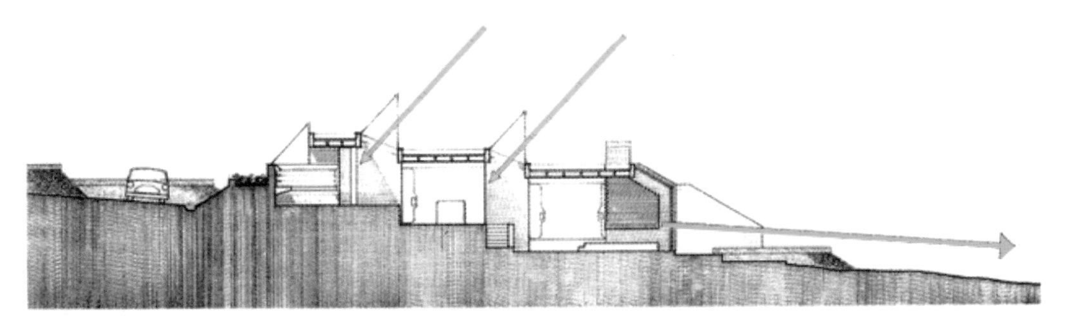

图2-18　杰弗住宅的剖面图

四、意境构思法

以建筑形式、结构、材料等物化要素建构而成的建筑，整体传达出人们对生活的理想与观念，就是意境构思法。建筑作为一种抽象的造型艺术，其局限之处在于难以全面反映人们的生活理想和观念，不易体现人类长期积累形成的文化象征、审美心理需求，使人们感知到其依存的文化而产生认同感和归属感。而以象征和隐喻为特征的建筑形式，将建筑的寓意和叙事性变得更为复杂。

象征性建筑主要表达的是社会内容和艺术作品的语意信息。传统的象征性建筑多为宫殿、庙宇、陵墓等隐含统治秩序、宗教神明等内容的建筑。后现代建筑思潮的兴起，重提建筑的象征性和隐喻性。詹克斯的《后现代建筑语言》大谈建筑的隐喻交流模式。象征性建筑的设计出发点是建筑形式以外的含义，强调建筑的符号特征和意义的传达性，用建筑形式传达社会普遍认同的价值观和文化的意义。这种艺术感觉受人们的习惯和文化背景的影响，是人们熟悉和接受的特殊感情。

形象和形式的观点可以表达出建筑中象征和抽象的区别。所谓形象，就是通过各部分之间的内部联系而形成的一个综合的概念。它反映的是特定事物的整体特征。这些概念和特征指的是这一特定的具体的事物，而形式是构成事物的内部结构或共同特性。对建筑来说，形式无疑是通过形象得到，但形式是从某同类具体形象中提取的共同的形象特征，所以它比形象抽象。形象包含了习俗和附属的意义，而形式则排斥这些意义；形象的观点认为建筑是由已经存在于特定历史之中的有限的元素组成的语言，而形式的观点则坚持建筑形式可以降至与历史无关的某个零点。建筑的形式毕竟不同于雕塑和绘画的艺术形式，总是难以自由地表达和传递语意信息。

文丘里的母亲住宅（Robert Venturi， Mother's House)

母亲住宅是美国后现代建筑大师文丘里的代表作品，如图2-19所示。在母亲住宅中，试图将古典建筑的某些元素简化、抽象为一种符号，运用到现代建筑中作为装饰，同时隐喻某种问题，从而使建筑具有通俗的、模棱两可的、兼容并包的、折中的、混杂的、常见的、地方性的、逐渐演进的、日常的、图式化的表情。母亲住宅的出现改变了人们对建筑的理解方式，体现了文丘里所提出的“建筑的复杂性和矛盾性”，以及“以非传统手法对待传统”的主张，成为后现代建筑的宣言。

母亲住宅建筑规模不大，结构也很简单，但功能齐全、到位，且充满温情地满足了家庭实际活动的需要。住宅共有两层，一层空间包括了餐厅、起居合一的起居厅、厨房、一间双人卧室、一间单人卧室，每间卧室都配备了面积不大的卫生间。二层空间为一间工作室。文丘里在建筑立面上运用了古典式的对称山墙，尺度和比例庄重，正如文丘里所主张的“建筑师应当是保持传统的专家”。严肃的建筑形象使人联想到古希腊或是古罗马的神庙，而非小体量的私人住宅，在沿街立面上成为标志性建筑。但住宅后部如普通住宅般松散自由，窗口的大小和位置也是根据内部功能的需要开设的。住宅在充分考虑别墅功能和使用效果的基础上，建筑形式介乎于传统与现代之间，模棱两可，含混不清，创造出一种相互矛盾、相互对立的场所感。在母亲住宅中，文丘里还利用符号表达隐喻的含义，将山墙中央裂开来隐喻拱券，后来学术界将这种构图处理称作“破山花”，成为后现代建筑的经典符号。母亲住宅的建筑风格难以界定，建筑将“丑陋又平淡”的美国饼干盒式空间设计与复杂的、温情的传统形式结合起来，从而具有后现代主义的拼贴性趣味。母亲住宅之所以作为后现代建筑风格的代表作品，其意义在于建筑对人性情怀的关注，以及对传统形式的继承。

图2-19　母亲住宅

第三节　别墅建筑的设计构思

一、设计构思的理性层面

大部分科学领域的研究都是通过理性的思维过程寻求问题的答案的，一般运用的方法不外乎是演绎推理法和归纳推理法。所谓演绎推理就是从对问题的结论所做的假设出发，经过论证而证明假设的正确性；而归纳推理法则正相反，它是从已知条件出发，在全面综合处理已知条件的基础上，按照逻辑的过程推知结论。建筑设计作为科学研究的一个分支，其研究方法也是遵循这两种程序的。前面所论述的别墅设计分析方法，正是按照逻辑推理的步骤，对已知条件分析、整理和剖析的理性过程。设计者希望通过这个过程推知设计结果。

然而建筑设计并不像做数学题，在对已知条件分析之后可以得出唯一的结论。建筑的艺术属性使建筑设计有时更像写作文，对相同题目和相同素材，却会形成不同的表达形式，同时评定其优劣的标准也很难有唯一的标准。无论如何，在别墅设计中对各种条件进行充分而深入的分析，是按照理性的方式以分析的结果作为别墅设计的起点。

二、设计构思的非理性层面

建筑不仅是一个工程学科，而且也具备艺术学科的某些特征。而建筑设计更具有艺术创作的特点，其设计过程在理性的推理中也包含着非理性的成分，通常理性的推理会结合非理性的方法，二者相辅相成，共同作用于建筑设计的构思过程中。在设计过程中，设计灵感的闪现，以及对艺术思潮的追逐，甚至对自然形态的模拟都可能成为建筑设计的构思起点。

1. 灵感

建筑设计因其特有的艺术性内涵，使灵感的闪现也成为设计构思的一种手段，有时甚至灵感的突发会赋予建筑设计以神来之笔。如同约恩·乌松灵感闪现设计的悉尼歌剧院的风帆造型，虽然造成了使用功能上的诸多矛盾，但毕竟其艺术性压倒了其余的设计属性而使之成为成功的设计作品。在别墅的设计中，灵感的激发可能源于多方面的因素，如类似形态的模拟（拟物、拟态等），以巴特·普林斯的作品为例，如图2-20至图2-23所示，他的灵感往往来自大自然的有机形态和材料，并由此在他的作品中表现了生物般的形态。灵感有时也来自对文化、历史事物的联想，比如斯蒂文·霍尔的温雅住宅中模仿印第安人“鲸骨”窝棚的造型等。灵感往往需要设计者丰富的知识积累、纯熟的设计手法及其恰当地表达。

图2-20　巴特·普林斯住宅

图2-21　巴特·普林斯住宅的室内空间

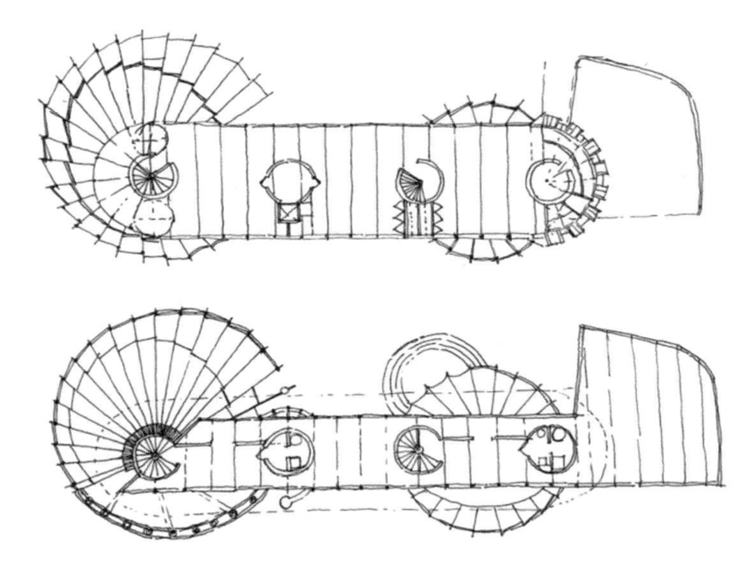

图2-22　巴特・普林斯住宅的平面图

图2-23　巴特・普林斯住宅的立面图

2. 建筑思潮与流派

不同的风格流派，其建筑设计的程序、方法以及结果有所不同。在现代建筑发展中，近年来涌现出来的现代主义、晚期现代主义、后现代主义、新古典主义以及新理性主义、构成主义和解构主义等，即使别墅的设计条件相似，根据各自的流派的理论和手法而达成的设计结果也会截然不同，甚至根本对立。例如，解构主义建筑师艾森曼的设计过程是按照他所制定的形式句法而展开，梁、板、柱体系是他表达建筑思想的形式语汇，在他的作品中，无处不表现出冲突和矛盾。与艾森曼相对比，晚期现代派大师理查德•迈耶，其设计手法也是以梁、板、柱为设计语言表达复杂的空间，而他传承了现代主义均衡、和谐的构图，并使之更加丰富而富有表现力，迈耶的空间复杂而不冲突、丰富而不杂乱。虽然两个建筑师的作品外显形式比较类似，都是表现为平顶、纯净的色彩、穿插多变的框架、虚与实的强烈对比，但当我们细腻体验其空间结果时却很容易体会到他们在深层含义上的彼此对立。

第四节 别墅建筑的设计内容

一、别墅设计的主要步骤

不论设计何种类别的建筑，都必须遵循一定的程序，别墅设计也不例外。在把任务书的抽象要求转变为具体的空间形态时，往往运用以下的步骤，如图 2-24 所示。

从图中可以看出，设计者拿到任务书后，首先要对别墅的设计条件、建筑功能、基地条件（如朝向、景观、车流和人流动线）等进行分析。根据分析的结果，以及自己对建筑形式的设想确定对别墅形态的意念。运用建筑语言和手法，用草图把意念表达为设计的初步结果，同时不断反复推敲空间形态、尺度、比例关系，结合对功能和效能的评估，确定令自己最为满意的别墅设计结果。最后用合适的表现方法传达设计结果。本书将按照以上的设计程序，具体介绍别墅的设计方法和手法。

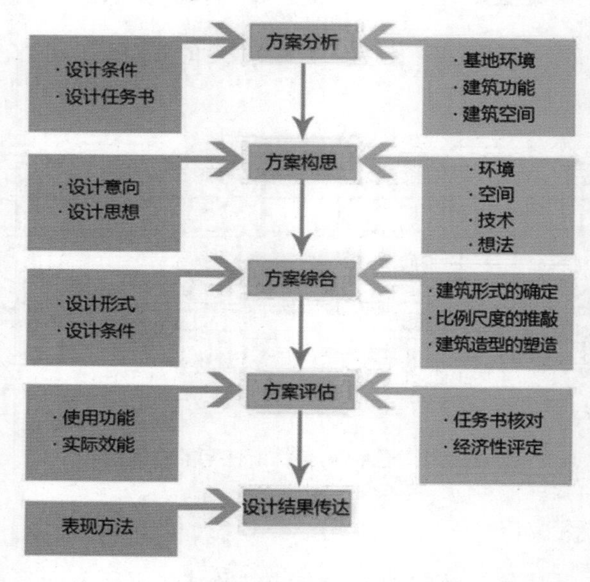

图2-24 设计步骤

二、别墅建筑的平面设计

在把握了基地的自然条件和人文条件，并对已有的基地条件和设计任务书进行了充分的分析之后，设计者已经详尽地掌握了与设计相关的各种限定条件。经过分析和取舍，在头脑中初步形成对别墅形态的设计预想，并可以大致勾勒出粗略的总平面形态。别墅的平面设计在这一情形下开始，在平面设计的同时，成熟的建筑师往往会通盘考虑到建筑的空间体量组织、立面形态塑造等问题。

1. 平面设计的原则

平面设计是别墅设计的起点，别墅交通空间的高效组织、各个功能空间的顺畅联系，以及各空间的比例和尺度的合理性等，都依赖于别墅平面的完善组织。别墅平面设计必须遵循以下原则。

1）空间功能的合理组织

别墅空间使用效果取决于空间功能的合理组织。别墅的功能空间可划分为起居空间、卧室空间、交通空间、辅助空间等几类。虽然别墅的空间组成并不复杂，但对于设计者来说，决定各个功能空间的划分以及如何进行联系是合理组织空间的关键。往往别墅的主人不同，各个功能区域所包含的服务设施也可能不同。

2）合理的空间元素与完整布局

在平面设计中，各个使用空间必须具有合理的比例和尺度。就一个房间而言，比较合适的比例通常遵循黄金分割规律，即面阔和进深大致是 2 ∶ 3 的关系，同时每个房间的开窗面积不能低于房间面积的 1/7。对于别墅整体而言，必须讲究各个空间元素合理的位置和联系。比如起居室的充分日照，卧室的避免干扰，厨房与后门的关系等。同时，在平面设计中也应该尽量使建筑与环境建立和谐的关系。

3）高效的交通组织

交通组织的高效性通常是评价建筑平面效率与合理性的重要元素。在任何建筑平面中，建筑使用空间都是由交通空间联系起来的。别墅中主要的交通空间有：门厅、走廊、楼梯、过道等，如图 2-25 所示。由于别墅的面积一般不大，在设计中需要尽量使各功能空间布局紧凑，因此在丰富空间层次的同时，也要强调高效的空间组织。在设计中要减小走廊的面积，提高平面使用面积系数。建筑平面效率的检验方式是通过计算建筑的平面系数而表达的。所谓平面系数即建筑使用面积系数，其计算方法是：

$$平面系数 = 建筑总使用面积 \div 总建筑面积 \times 100\%$$

百分数的数值越高，表示建筑交通组织的效率越高。另一个检验交通空间效率的方法是在平面图中画出住宅的交通动线，根据交通的密集程度检验建筑交通组织是否有效。

图2-25　空间内高效交通组织

减少走廊面积和提高面积系数有利于提高交通组织的效率。减少走廊面积的方法有：使交通空间与使用空间结合，比如将起居室与餐厅贯穿布局，通过家具的布置模糊地设置走廊空间，使走廊弱化成通道，从而达到高效组织空间的目的，如图 2-26 所示。另外，楼梯居中布局，走廊两侧都布置房间等均有助于提高空间组织效率。在别墅的平面设计中应该尽量避免过大的厅和过长的走廊，不仅因为别墅面积较小，不需要过于复杂的交通组织模式，而且因为这样的空间不利于采光，也不利于供热和制冷。

图2-26　室内空间的走廊弱化

2. 别墅层数设定

在别墅平面设计开始阶段，就要确定别墅是建成单层还是多层。因为单层和多层在平面布局以及以后的建筑形式和体量方面所思考的问题以及设计的手法是不同的。

1）单层

单层别墅适合建于郊野、牧场等比较大的基地上。它可以充分利用基地的自然条件，如使建筑面向优美的景观展开，或者使建筑围绕水池、湖面布局。单层别墅平面布局通常自由而舒展，功能分区明确。在单层别墅中，几个功能区在同一平面上组成各自的功能组，比如起居空间、卧室空间、服务空间各为一组，以走廊和功能比较模糊的展廊、过厅等空间作为彼此的联系。由于单层别墅是沿水平面方向展开的，在建筑外观和体量设计时，往往缺乏垂直方向的元素，因此单层别墅的屋顶可能成为设计的重点，在平面设计时应该预先考虑到所设计的平面屋顶的可能形式。为增加单层别墅的自然气息或野趣，在平面中有时会插入室外露台、毛石墙或花架等伸展元素，并以此使平面更加舒展，如图 2-27 所示。

2）多层

多层别墅是适用性比较强的别墅形式，可以适合各种基地条件，尤其在用地紧张的城市中，更能发挥空间组织紧凑、占地少的优势。同时对一些面积大、功能复杂多样的大型宅邸，分层布局可以使功能分区更加合理，如图 2-28 和图 2-29 所示。另外，对于山地或坡地等特殊的地形，多层布局可以更充分地顺应地形。在构思别墅的造型和体量时，多层别墅可供模仿和借鉴的造型元素和手法也相对丰富一些。

图2-27 单层别墅

图2-28 多层别墅(1)

图2-29 多层别墅(2)

错层是指建筑内部不是垂直分割成几个楼层，而是几个部分彼此高度相差几级踏步或半层，从而使室内空间灵活而且变化多样，给使用者的空间感觉也更丰富。错层布局中，楼梯往往居中布置，楼梯跑的方向和楼梯在平面中的位置是空间组织的关键。常见错层布局如下。

（1）错半层。双跑楼梯的每个休息平台的高度为一组功能空间，每组空间彼此相差半层。科隆建筑师之家就是错半层布局的实例，别墅的楼梯位于建筑平面的中间，楼梯不再有休息平台，楼梯南北两侧相差半层。起居室空间与厨房餐厅空间、卧室和主卧室空间分居楼梯两侧，高度相差半层，空间错落。

（2）错几级踏步。通常这种错层设计是在多跑楼梯的多个休息平台的高度布置不同的功能空间。以库拉依安特住宅为例，别墅的正中是四跑楼梯，每个休息平台附带一个空间，从而使别墅的使用空间依从公共空间到私密空间的顺序螺旋上升，每个空间高度相差 4 个踏步，空间沿着楼梯自然顺畅地展开，丰富而有趣。

（3）按照基地坡度错层。此种错层布局比较简单，平面中各个空间依照基地坡度逐渐向上展开，单跑楼梯也同时沿垂直等高线的方向向上，不同的休息平台通往别墅的不同使用空间。根据基地的坡度，楼梯的长度可长可短，每组空间的错落也可大可小。

3. 平面设计的手法

1）简单几何形

许多面积不大的别墅，其平面设计往往就是在一个简单的基本几何形（如矩形、正方形、圆形等）中进行空间的分割和划分，在满足任务书要求的同时，保持几何形状的完整性。

2）减法

减法是在平面设计中对简单几何形进行切、挖等削减，使简单几何形的边、角等决定轮廓的主要因素有所中断或缺损，但几何形状的大部分特征还保留着。以减法手法设计的平面需要对几何图形各个控制因素辅助线和辅助点有深入了解和把握，要求设计者有很强的几何形状的控制能力。马里奥·博塔的一些别墅设计就是运用减法。例如，在美蒂奇住宅中，如图 2-30 所示，博塔运用纯熟的手法对圆形进行切削，打破简单的平面，插入多种开口，并以此为在塑造体形时产生丰富的凹凸变化和虚实对比埋下伏笔。

图2-30　美蒂奇住宅

3）加法

所谓加法，简单来说，就是把任务书中所要求的各个空间一个个地并置累加起来，在平面设计中即表现为把一个个简单的基本几何形并置累加，形成 F 面。优美的平面需要对平面构成原理和美学规则的深入理解和灵活运用，同时也要符合比例、尺度、模数等基本建筑原则的要求。在空间累加时，设计者可以根据基地条件自由组织；如果可能，也可以依照自己设定的对平面的初步设想，比如十字形或 L 形平面等进行组织。十字形和 L 形平面都便于在平面中不同的翼配置不同的功能空间。通常，十字形平面的别墅是以交通枢纽为十字形的中心，不同性质的空间依各个翼展开，楼梯居中，便于交通空间与各翼的均衡联系。

4）母题法

依照加法原理塑造平面时，母题法是一种有效的平面设计方法。所谓母题就是指平面中的某种简单几何形，如三角形、圆形、方形等。建筑平面以多个形状相同或相似（指几何形以同样的比例放大或缩小）的简单几何形（即母题）累加，使平面显示一定统一、秩序及和谐性。需要注意的是，在同一个平面中，不宜使用过多的母题。在别墅设计中，以三角形和六边形为母题，不仅可以使平面统一和谐，而且还使空间自由活跃、灵活多变。

5）叠合与扭转法

平面的叠合和扭转是初学设计的人较不容易掌握的一种加法手法。所谓叠合和扭转，分别是指两个或两个以上的几何图形互相穿插叠合在一起；或两个相似的几何图形在叠合时，一个几何图形扭转一个角度，再与另一个几何图形叠合，从而在平面中产生不和谐的冲突和微妙的对比。

叠合手法相对简单，只需在几何图形叠合时在平面中保持每个几何图形各自的形状特征和主要的形态控制因素，使人能一眼看出平面是若干几何形的叠合，表现出清晰的组织关系。

平面的叠合扭转比较复杂，在平面设计时彼此扭转了一定角度的两个几何形，在彼此不相交的部分通常独立保持各自的边界和几何形控制点，而在彼此相交的部分，会造成一定的咬合，便两个几何图形彼此叠合在一起，相交的部分同时属于两个几何图形，因而这一部分中的平面线形会分别呼应不同的几何图形，从而使平面具有不可预知的空间效果和趣味性。为了使平面构图更加完整，有时会利用露台、踏步、水池、架子等非实体造型元素加强每个几何图形的边界及控制线，使穿插和扭转更加鲜明。

此外，随着建筑思潮的不断演变，一些反对古典构图原理、反对均质空间、强调建筑空间的模糊和混沌性的别墅作品也不断出现，其表现为平面设计的自由随意、空间组织的矛盾和冲突等，需要设计者在寻找参考资料时注意。

三、别墅的空间构成和表达

1. 空间的概念

在进行功能分区和最初的布局时，设计者对平面组织的思考通常是平面的，是为满足设计任务书中的各个面积定额要求所形成的二维平面的思考。而别墅的各个使用空间其实是三维的、立体的。因此我们有必要提出空间的概念，即“体”的概念，把任务书中各个限定面积的功能元素设想成具有长、宽、高的三维实体。

举个例子来说，当看到设计任务书中要求门厅面积为 $10m^2$ 时，设计者会首先想到符合这个面积要求的门厅的长和宽，或称为面阔和进深，比如 1.5m×6.3m、2.4m×4.2m、3.3m×3.3m 等数值，不同的长宽比例会形成不同的空间感受，设计者必须通过仔细的权衡，决定自己认可的合理数值。同时，设计者也要考虑任务书中没有规定的门厅的“高”，不同的高度对空间感受的影响是不同的。在不少设计参考书中都指出，空间的高宽比大于 2，将产生神圣的空间感受；高宽比在 2 与 1 之间，会形成亲切的空间感受；而高宽比小于 1，则容易产生压抑感。当设计者决定别墅门厅长宽高的具体数字（比如长、宽、高分别为 2.4m、4.2m、3.3m）时，门厅就形成了三维的立体空间。

2. 空间的构成

建筑是具有实际使用功能的物质形态，建筑的使用功能和形态功能的特点决定了建筑形态的复杂性，那么建筑师如何构思这些变化丰富的建筑形态呢？单纯从塑造建筑形态的构成手法思考，任何复杂的建筑形态都是建筑师把基本几何形体按照美学的规律和组合方式进行加工处理而成的。这种组合方式就是建筑形态构成的基本方法，建筑形态设计的最终目的是将基本几何形体通过形状、颜色、质感、体量和场地等构成要素的组合变化，形成具有秩序感和逻辑感的形态各异的建筑形象。

1）分割与嵌套

分割和嵌套是在外轮廓保持简单的几何状态下，将整个几何体划分成更小的几何体或嵌套进更小的几何体，来分解内部空间。隈研吾设计的“水的缘侧”宾馆，在整体矩形形状不变的情况下嵌套了一个椭圆形的玻璃盒子，使单调的空间形式产生空间与空间的包容，从而将单调的空间形式变得丰富，也间接增加了空间的趣味性。

2）聚合和穿插

穿插构成是指基本形相互咬合在一起，形成一种相交的状态，这些基本形中的一部分保持自身的原始形态，另一部分则变化为交叉后的形态，以此来强调形态的个性和冲突。聚合则是指把多个几何体在同一空间内重叠组合在一起，通过主要形体和附加形体的穿插叠加，营造建筑形态有机、生长、扩展的丰富视觉效果。聚合和穿插的组合方式，使单个几何体在完整地保持各自的表现力的状况下融合统一起来，产生表达多种含义的、丰富的空间感。

住宅形体通过简单的矩形体相互斜交，展现出意想不到的效果，如图 2-31 所示，建筑由两个矩形体块组成，中间由贯穿整个住宅的斜连接构筑物相连，以形成面向东北和西南的门廊和平台。

图2-31　别墅建筑组合体块相互斜交

崔恺设计的 BDA 中心办公楼和长城脚下公社 3 号别墅都是由两个长方形箱体相互交叉并穿插而成，每个基本形之间并不相互融入，依靠穿插形成的大体量出挑来获得建筑的冲击力。和穿插相比，叠加更强调基本形的相互融合和统一和谐的整体形态，这种构成手法有意削弱了单个几何基本形的表现力。

3）切削和挖除

切削和挖除是从完整的几何体中切掉一部分或挖去更小的几何体。这样造型上产生丰富的表现力，挖去的几何体部分成为空间上的“图”的性质。在空间的处理方法中，利用空间的切削和挖除方法可以改变原有固定的空间形式，使原有的比较传统和平庸的平面变得更加丰富，使建筑的造型产生变化，同时增加建筑的表现力。

4）相似与重复

随着几何体的相似与重复，建筑就与完整的几何体给人的感受很不相同，这样不但外观形成韵律，而且出现了某种独特的气氛，形体间产生了独特的空间，如图 2-32 所示，体量由沿着斜坡分布的矩形形体组成。几个矩形体块，在单体尺度上基本一致但平面布局错落有致，立面构图高低起伏，形成形式统一又具有变化的美感。住宅首层有三间卧室，由下坡侧进入。从入口处通过一段楼梯径直上去，到达餐厅和厨房，再上几级台阶通向小巧的起居室，可以通过窗户观赏风景。另一端楼梯通到厨房上面的书房。

图2-32　重复的建筑体

5）连接与并置

几何体的并置是重复分离的几何形态；连接则是在保证几何形轮廓的前提下，将多个几何体放在一起连接起来。赖特设计的罗比住宅将两个矩形连接在一起，形成了个完整的和富有变化的空间。赖特设计的住宅，内部空间总有一种想与自然环境相关联的轴线倾向，并且在艺术组合中起主导作用的因素（由建筑外部体形表现出来的）是场所的概念，即地点概念的再发现。赖特设计的罗宾别墅，如图 2-33 所示，强调水平型的宽阔屋顶，完全是作为安全栖息的茅屋或木屋的一种隐喻。平面组合是由两个错开的长方形叠放并组合在一起，相接一面是长方形的长边。依据功能区域划分的要求，两大长方形体量分别被围绕主人生活的主要空间和由此所产生的服务性空间所占据。在十字形框架布局的控制下，经过分割、挪动、组合以及加减法的运算，形成了前部庭院和后部的入口通道，巧妙地解决了从公共区域到私有空间的过渡，加强了室内外的沟通与联系。

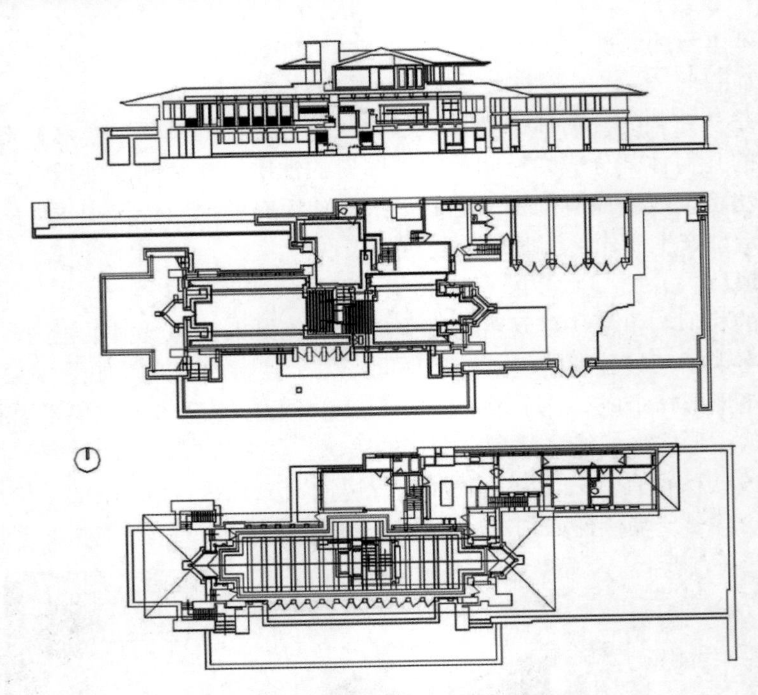

图2-33 罗宾别墅平面图立面图

安藤忠雄设计的住吉长屋将三个矩形连接在一起，三个矩形将平面三等分，中间是占面积三分之一的庭院，不连续的空间为建筑增加了生机和趣味性，给前来参观的人带来一种神秘感和乐趣，但非连续的空间在功能和人的情感效应上是连续的，室外庭院是室内空间的延续，在空间的使用上也更加实用。

6）分离与散逸

分散是几何体互相分离、关系松散的状态。这样几何体之间会产生丰富的空间感。理查德·迈耶设计的格罗塔住宅（Grotta House）位于树木繁茂的倾斜草地上。建筑总体空间由两条交叉的轴线控制着，轴线交叉点是这个住宅的阳光客厅。客厅主体由圆柱体和矩形平台穿插而成，客厅划分成两个不同区域：上部的长方形平台和下部的半圆形区域。在建筑空间中，横向轴线建立起车库和房子的联系，纵向轴线将房子功能空间延伸到远处的露天平台。两条垂直轴线扩大了房屋空间的容量，融入更多的自然风景，形成丰富而又有变化的建筑空间。

3. 空间动线的形式

空间动线表示人在空间内所移动的点连接而成的线，表示人在空间内的移动路线和走向。功能空间的合理性不仅要求每个房间本身具有合理的空间形式，而且还要求各个房间之间必须保持合理的联系，这就是空间动线所起的作用。

1）单一走道式

学校、医院、办公楼等建筑中的教室、诊室、病房、办公室等使用房间，一方面要求安静，另一方面彼此之间又必须保持适当的联系，加之这些房间一般体量不大但数量很多，针对这种功能特点，平面上采取单一走道的形式来组织流线。我们用专供交通联系的这种狭长空间把各个使用房间联系起来，这是符合逻辑的空间组织形式。单一走道式流线的最大特点是：把使用空间和交通联系空间明确分开，这样就可以保证各个使用房间的安静和不受干扰。在别墅建筑中，单一走道式的动线形式常常用来联系各个卧室。由于使用要求、地区气候条件不同，走道式建筑又可以分为：走道在中间的内廊式，沿走道两侧安排使用房间；单面走道的外廊式，沿走道一侧安排使用房间。

2）竖向楼梯单元式

在住宅类建筑中，单一走道式流线组织形式并不适用，因为住宅建筑中各个住户之间基本没有功能上的联系。针对住宅的建筑功能特点，一般采用单元形式来组合空间，即几户人家围绕一部楼梯，用竖向楼梯来组织流线。这样的组织方式既能保证功能上的合理性，又符合空间组织的要求。在别墅建筑中，走道用来解决同一层中各房间水平交通的联系问题。各层之间还必须用楼梯这种竖向交通方式来解决交通联系问题。综合地利用楼梯和走道，就可使整个建筑内部各房间四通八达，楼梯成为建筑流线组织中极为重要的枢纽。

3）由中心向四周发散式

火车站、展览馆等人流密集的公共建筑，由于功能特点适合采用以广厅把若干个主要使用空间联系在一起的空间组合形式。广厅是一种专供交通联系用的空间，形成由中心向四周发散的流线形式。这种流线形式的特点是：广厅成为大量人流的集散中心，通过它既可以把人流分散到各个主要空间去，又可以把各个主要使用空间的人流汇集于这个中心，从而使广厅成为整个建筑物的交通联系中枢，建筑物视其规模大小可以有一个或几个中枢。

4）串联式

为了保持各部分空间之间的连贯性，比较适合于使各部分空间互相串联贯通，这种空间组织形式中流线的组织就是串联的，这也是一种动线组织的基本形式。串联式动线组合形式具有一个明显的特点，就是把使用空间和交通联系空间明确地分开，流线和空间的划分非常明确。各个主要使用空间关系紧密，并有良好的连贯性。这种组合形式较适合于陈列馆一类建筑物的功能特点。

流线组合形式可分析归纳为几种典型的基本类型。多种组合形式的流线综合运用，可说明流线和空间形式之间的组合与功能关系，不同的流线形式适合于不同的空间组合形式、类型和功能的要求。由于建筑功能的要求具有多样性和复杂性，一栋建筑只采用某一种流线和空间形式的情况并不多。在一般情况下，一种类型的建筑往往只是以某一种流线和空间形式为主，同时还必须辅以其他类型的流线和空间组合形式。另外，有些类型的建筑，由于功能的特点所致，则是综合地采用几种类型的流线和空间组合形式，并且根本分不出主次关系。

四、别墅建筑的外部造型与风格

相对于内部功能设计而言，别墅建筑的外部造型设计主要考虑构图元素之间、构图元素与周围环境之间的契合关系。统一与协调、比例与尺度、节奏与韵律、对称与均衡等美学要素都是获得建筑美学感与艺术性的重要条件。

在别墅外部造型的设计中，将屋顶、门、窗、墙、阳台等基本建筑要素抽象成概念性的构图元素：点、线、面、体。这些概念性的构图要素在现实中并不存在，而是通过建筑形式、质感、材料、光与影的调节、色影等有形要素表现出来。埃德蒙·N. 培根说过："所有要素汇集在一起，就形成了表达空间的品质或精神，建筑的品质取决于设计者运用和综合处理这些要素的能力，室内空间和建筑外部空间都如此。”

1. 外部造型构图元素

1）点元素

点是外部造型中表达视觉集中性的构图要素，在视觉上具有收敛和聚集的向心性。点元素的具体形态表现为：门、窗、洞、阳台等。在几何学上，点的定义为：只有位置，而不具有大小和面积的图形。但从造型学的观点出发，以视觉表现为前提，“点”在建筑外部造型表达中是一种具有空间位置的视觉单位。在建筑外部造型中，门、窗作为“点”这种构成元素时，并无绝对意义的大小和形状，当它们与周围其他造型要素共同比较而具有凝聚视觉的作用时，就可以看作是“点”元素的具体表现。点元素通过大小、距离、疏密、均衡等不同组合关系的变化，形成形式丰富、灵活多变的造型特征，如图 2-34 所示。

图2-34　点的表达

2）线元素

在外部造型构成元素中，“线”比“点”的表现力更为强烈和丰富。在与造型元素的构图关系中，线元素因其空间位置、面积、方向和秩序的不同而形成各具特色的建筑表情和风格。线元素具有方向性，可以用来描述一个点的运动轨迹，能够在视觉上表现出方向、运动和生长的特征。线元素的具体形态表现为：建筑轮廓、装饰线、材料分隔线，还包括点元素连续排列形成的线等。线元素可分为直线和曲线，直线具有明确的方向性，表达刚直、坚定、明快之感；曲线具有韵律感，表达柔和、活跃、轻巧之感。根据直线的方向性不同，可分为水平线、垂直线和斜线。水平线和垂直线代表稳定性，而斜线处于不平衡状态，代表动势，如图 2-35 所示。

3）面元素

线元素的运动和推移形成面元素，面具有一定的面积感和质量感，具有自己鲜明的个性和情感特征，因而对视觉效果的作用和影响也非常强烈。面的首要识别特征是形状，“面”的形状大致可分为两类：规则形和不规则形。规则形包括几何形，如方、圆、三角等；不规则形则形式状态各异。在构成元素中，面限定着体量与空间的三维容量，每个面的特征，如尺寸、形状、色彩、质感，还有面与面之间的空间关系构成各种各样的空间形态，决定了面限定形式的视觉特征。面要素的具体形态表现为墙面、屋面、悬挑部分底面等，如图 2-36 所示。

4）体元素

体是指具备长度、宽度、高度的三维空间实体形式，现代建筑构成是把建筑的各要素立体地组织起来。体的构成可以看作两个阶段组成：首先由建筑的各实体部分生成各自的内部空间，然后由这些内部空间组合起来成为大的建筑整体。瑞纳・班纳姆认为近代建筑的特征在于“相应于被分离和限定的各种功能而有被分离和限定的三维形体，而这样的分离和限定就是以很显而易见的方式实现构成”。实际上，现代建筑对各要素构成的关注，更多地表现在对构成体块要素的重视，如地面、墙、柱、屋顶等，进而对这些要素限定的功能空间构成关注，如图 2-37 所示。

图2-35　线的表达

图2-36　面的表达

图2-37　体的表达

2. 外部造型构图原则

1）比例与尺度

比例是指物体的每一部分或构件与整体之间存在一种数字或倍数关系，而且每一个部分也与其他部分存在一种数字或倍数关系。在别墅建筑的造型设计中，比例的控制是相当重要的。比例作为存在于点、线、面、体这些建筑元素之间的逻辑联系，既要合乎形式美学，又要满足功能的要求，如图 2-38 所示。在设计中要注重发现比例，并抓住对比例具有控制地位的建筑要素。通过调整建筑构件的具体尺寸，来协调外部造型各元素之间的比例关系，如立面上窗和墙的比例关系、直线和曲线的比例关系、楼梯间与整个建筑的比例关系等。由于建筑本身采用的建筑形式、结构体系和材料不同，所形成的基本比例是有很大差别的，不能把期望的完美数字比例强加于建筑的结构系统。

图2-38　建筑透过光影的比例

尺度是指部分与部分、部分与整体、整体与整体、整体与城市的比例关系，以及对人产生的心理影响。与比例概念相区别，尺度并不是指建筑物或要素的真实尺寸，而是指物体与周围环境之间的一种相对关系，在建筑美感方面建立起和谐统一的视觉秩序。别墅外部造型设计主要应以人的尺度为参照体系，充分考虑人的观察点、视距、视角，考虑住宅建筑与人的亲近度，别墅外部造型设计中的尺度可以分为：细部尺度、近人尺度、街道尺度、整体尺度和城市尺度。在建筑设计时应充分考虑这些，从整体到局部，寻求良好的尺度感。

2）节奏与韵律

在别墅建筑设计中，除了推敲适宜的比例尺度，还应注意细部构件组合的节奏与韵律。节奏与韵律是指要素或主题以规则或不规则的间隔图案重复出现。别墅建筑设计强调个性化，建筑构件的形式如果只是简单重复，固然会显得造型呆板，但不同的窗、阳台、墙和楼梯在形式上差别较大，缺乏统一元素的控制，也易形成凌乱感。通过细部构件的有规律的重复和排列可以增强视觉上的韵律感。例如，利用窗口、阳台、空调搁板等细部构件有规律地排列，形成稳定的静态秩序感和韵律感。 这些要素不一定要完全相同才能组合出重复的式样，如建筑构件造型上有着共同的母题，即使在个体形式上存在差异，也会形成很强的韵律感，如桥式住宅，采用了使方形窗户大小变化的形式。窗户形式的立面间隔重复和排列方式的变化，使观者的视线产生延伸的动势节奏，形成造型的节奏与韵律，如图 2-39 和图 2-40 所示。此外，还可通过色彩、材质巧妙的重复运用，打破形式的单调，强化造型的韵律感。

图2-39 建筑界面的韵律表现

图2-40 建筑体与建筑构件的形式体现

奥佩尔住宅是一座由一系列单体结构沿一条干线组合而成的住宅，就其重量和体积而言，具有很强的可塑性。在建筑结构中，顶棚的曲线不仅勾画出住宅的轮廓，而且其拱顶也具有雕塑般的效果，包铅表层的柔韧性以及柔和折射与垂直贴饰的杉木护墙板形成反差。 三个相同的灰泥炉膛穿透起居室的玻璃突出室外，作为独立的结构指向天空，从而体现出空与实并存的特殊情致与韵味。

3）对称与均衡

从静态均衡来讲，有两种基本形式，即对称形式和非对称形式。对称的形式本身就是均衡的，同时它又体现出一种严格的制约关系，因而具有一种完整统一性。在别墅造型设计上，对称式均衡是常见的处理手法，它通常与建筑的平面组合及造型有着密切的关联，如图 2-41 和图 2-42 所示。不对称形式也可以形成均衡，就像跷跷板的平衡关系一样，不同重量的两边，可以因支点距离的不同而达到平衡关系。与对称式均衡相比，非对称式均衡要显得生动活泼许多。

4）对比与微差

对比是指要素间显著的差异，可以借元素彼此之间的差异性，凸显建筑构件的特点。微差是指不显著的差异，则可以借元素相互间的共同性达到和谐统一。微差是由一系列由小到大连续变化的要素构成，相邻者元素之间由于变化微小可以保持连续性。如果从中间抽取若干要素，将会中断连续性，凡是连续性中断的地方，都会产生引人注目的突变，这种突变就表现为对比的关系，而且突变的程度越大，对比的效果就越强烈，如图 2-43 所示。

图2-41　建筑体的对称体现(1)

图2-42　建筑体的对称体现(2)

图2-43　建筑材质的对比

3. 别墅建筑细部构件的处理

1）屋顶

屋顶是建筑界面的重要组成部分，也是建筑和顶部空间对话的主体，是人们视线关注的顶部特征。屋顶形态受功能、技术、环境等多种因素的制约，必须从构成的美学角度去研究屋顶的形态特征。建筑的屋顶形式包括平顶、坡顶、尖顶、拱顶等，这些屋顶造型主要是由一些基本的几何形体演变而成。 单纯地用几何原形作为屋顶的造型显得过于单调，作为建筑形态和天空交接的轮廓线，屋顶应该通过形态构成手法进行加工处理，以此来彰显建筑本身的特质，同时使人们能够获得震撼的视觉感受。

屋顶重复构成是指屋顶形态的同一种造型元素平均的、有规律的排列组合，以此来强化建筑的顶部秩序和韵律感，如图 2-44 所示。

如果屋顶形态的基本型在重复的基础上有轻度的变化，这就是近似构成。近似构成的目的是强调建筑屋顶的轴线或者某个细部，或通过基本形的轻微变化来增加屋顶的生动活泼。屋顶形态中还经常用到渐变构成，以形成建筑物拔地而起的气势，同时也可以产生视线的延伸感，尤其是为了强调建筑的中心对称，可以利用屋顶高度不断升高的渐变效果。

在别墅造型设计中，为了使屋顶的天际线显得灵活丰富，屋顶形态常采用大量的穿插手法，尤其是在建筑组群的屋顶设计中，通过水平方向和竖直方向的穿插处理，打破了屋顶与屋顶之间的单调乏味，使屋顶的形状、大小、高低产生对比，产生了屋顶形态的丰富变化。建筑屋顶还可以通过重复的退台处理形成阶梯状的空中花园，使每一层房间都有室外露台。

屋顶的特异构成主要是形状和高度的变化，通过屋顶的局部变化产生对比，强化视觉效果。屋顶分割手法是将一个完整的屋顶平面或是屋顶立面进行切割，通过切割产生的裂缝来强调轴线或轮廓，同时裂缝可以用作屋顶采光，丰富室内的光影效果。

2）门窗

门窗在别墅建筑中是非常实用的建筑元素，它既为建筑室内空间提供自然采光、通风，满足建筑功能的使用要求，同时也是一个非常重要而又灵活多变的立面构图元素，如图 2-45 所示。

图2-44 建筑屋顶重复构成

图2-45 建筑门窗

根据建筑视觉原理，灵活运用窗元素的功能来设计建筑立面，可以使平淡的建筑立面变得丰富、活跃并富有某种神韵，给视觉上带来一定的冲击力和美感。门窗设计要考虑的因素很多，主要包括建筑功能、建筑技术、形式美的法则和建筑师的构思等。在满足使用功能的前提下，门窗的外观造型、比例尺度、色彩选择以及排列组合形式等方面，均应与建筑物的内外环境、立面整体风格与形式做统一的艺术处理。

（1）装饰手法。门窗的形式和风格应与建筑的装饰风格相协调，用局部的装饰之美去衬托整个空间的意境与感觉。在中式建筑空间里，窗户常模仿传统造型，使用木质或仿木质的花窗，门的形式则以木质、古典样式为主；在欧式建筑空间中，门窗可采用最具代表性的拱形门并以欧式花线加以装饰，窗则可加做欧式窗套、窗台及铸铁花饰等。通过这样的相互关系，不仅门窗的形式和风格得以准确的定位和表现，其所在的室内空间也会因此而增色不少。

（2）材料质感。传统古朴的木门窗，以其纯朴自然的特质，为建筑空间增添了古色古香的味道；金属或玻璃材质的门窗，以其冷峻、简洁的特点，为建筑和空间平添了纯净、轻盈、现代的美感；镶嵌铸铁门是现代制作工艺的产物，将玻璃与铸铁相结合，两种材质相互对比而具有独特的美感；皮革门质地柔软、尊贵大方，具有良好的隔音保温功效和特殊的装饰效果。

3）阳台

阳台是建筑外部造型中积极活跃的要素之一，其大小、形状和组合在很大程度上影响着建筑的外观。勒·柯布西耶曾经说过：“整部建筑史仅仅是围绕着墙上开口问题展开的。”通过对阳台的形状、色彩、材质等进行设计，使阳台具有良好的比例尺度、新颖的图案构成、和谐的质感色彩、统一的造型形态。

（1）位置关系。按照阳台与建筑物外墙的位置关系，阳台可以分为凹阳台、凸阳台和半凹半凸复合型阳台三种基本类型。凸阳台是突出于建筑外墙面，延伸到室外的平台，如图 2-46 所示，当代建筑阳台大部分的形态均为凸阳台形式。在视觉上，凸阳台较凹阳台更具有空间上的外张力，在垂直于建筑外墙的方向增加了建筑外部空间的层次和张力，凸阳台光影的变化也丰富了建筑外墙面的视觉效果。凹阳台是指阳台凹入建筑外墙之内或与外墙取齐，一般用柱子和护栏围合而成，如图 2-47 所示。凹阳台的使用界面位于建筑外墙的内侧，空间含蓄内敛，指向性上偏向建筑内部，在外墙面的垂直方向上增加了空间层次的纵深感。在形象上，凹阳台的设置可以使建筑立面富于光影变化，阳台整体处于建筑立面的阴影中，阳台凹进去的空间丰富了建筑立面的层次，形成了鲜明的虚实对比，增强了建筑的雕塑感。半凹半凸阳台兼具上述两种阳台的特点，其凸出和凹进的尺度、比例，可视需要灵活变动。在建筑立面的设计中，这种阳台比其他两种阳台有更好的凹凸变化，有利于住宅建筑立面的艺术处理。

图2-46　凸阳台

图2-47　凹阳台

（2）平面形状。阳台的平面形状极具多样性，可以是矩形，也可以是三角形、圆弧形、多边形、直线与曲线组合形等，甚至还可以做成不规则形。矩形由于它的平行和直角关系显得刚劲；圆形由于光滑、连续和具有向心的特征使人感到更纯粹、更抒情；三角形由于斜向的边和角度更具有活力并易于增强空间感。

组合型平面的构成来源于简单几何平面的组合，是一种复合型的平面类型。由于几何平面组合方式的不同，组合型平面的平面形式也是多种多样的。常见的有直线和曲线的组合。组合平面形式的阳台平面轮廓凹凸丰富，构成的形体从美学上获得了较为多变的视觉效果，在视线移动与光影作用下，建筑形象具有多变性的魅力，在视觉上能够给观者一种组合的新奇感。

（3）护栏形态。阳台的造型除了受其平面轮廓的制约之外，主要反映在护栏的外部形态上，包括护栏的建筑艺术处理、构造做法以及材质的运用等。护栏在住宅中一般运用于阳台的边缘，有栏杆和栏板两种形式，既起到保护人们安全的作用，又有增加美观的效果，是人们可以近观的装饰，所以应做得纤细精巧一些。阳台护栏可使用的材料很多，如竹、木、砖、混凝土、面砖、涂料、金属、塑料、钢化玻璃等。不同的材质带来的视觉效果也不尽相同，或粗犷与细腻，或天然与人工，如图 2-48 所示。

4）入口

建筑入口是室内外空间的分界点，是形成建筑空间序列和节奏的关键因素，建筑入口除了满足作为建筑交通出入口的功能外，其形态特征是整个建筑形态的重要组成部分，呈现给人们的是标志性的印象。建筑入口与其他界面要素相比，具有开放性、标志性和归属性的形态属性。入口形态的开放性是指其具有引导人流和分散人流的功能；标志性要求入口和建筑单体的形态构成对比要强烈，以便人们容易找到入口；归属性要求入口和建筑形态要保持统一，突出其个性而保留共性。入口的实体要素包括门、雨棚、台阶、坡道和其他附属设施等，它们共同构成了建筑入口空间的实体外形，如图 2-49 所示。

通过对建筑入口的形状、大小、位置、色彩、质感等方面的对比和强化，运用构成手法营造符合建筑整体形象、与周边环境相协调的入口形态。入口形态属性中很重要的设计原则是标志性和醒目性，但是在某些特定的环境中要求入口尽量隐蔽，以此来实现建筑和环境的完美融合，另外某些情况要求建筑形态保持视觉的统一和连贯，建筑的入口形态仅仅是和立面重合，不做过多的修饰。

接触构成是建筑入口形态中最常见的组合形式，入口依靠建筑单体布置，对建筑形态施以加法处理，兼具入口引导作用，同时丰富了建筑的底部形态。分割构成是将建筑主体和入口形态分离，虽然还具有建筑入口的功能，但它是作为一个独立的建筑元素存在，两者通过连廊或者地道连接，这种手法可以给参观者带来强烈的空间穿越感。

切削构成是将建筑入口凹陷在建筑体量里，形成建筑立面和入口内陷的虚实对比，强化建筑入口的标志性效果，这种构成手法也有利于缓解入口街道的交通压力。

建筑入口形态和单体的组合方式还包括空隙处理手法，这种手法利用建筑体块相互穿插交错的缝隙作为建筑的入口，既保持了建筑形态的整体效果，又使入口形态充满了神秘色彩。

图2-48 阳台护栏

图2-49 建筑入口

4. 材料的运用和表达

伴随着建筑技术的发展和建筑材料的创新，可用于建筑的材料种类越来越丰富，除了传统钢材、木材、混凝土、砖石、玻璃外，甚至一些以前不可能用于建筑的材料，如纸、塑料等，也已经被用于建筑之中。建筑师的理念和意图，不仅可以通过建筑空间和造型来体现，还可以利用建筑材料去塑造。可以说，建筑材料是建筑形式的语言表达。

在众多别墅建筑成功实例中，建筑师根据建筑材料本身的材质特点，科学合理地运用材料的特性，并通过虚实对比、材质搭配、色彩构成的设计手法来运用建筑材料，最终达到实现建筑师设计理念的完善和表达的效果。在外部造型设计中，我们应该充分了解材料的基本特征，学习和掌握不同材料表现的色彩、质感和美学特征，提高材料表现必备的技术水平和艺术修养，并在具体的设计实践中加以运用。

1）材料的美学属性

（1）形体。在视觉上，“形”的要素体现在建筑材料上即为它的尺度和比例以及各样的组合方式。材料因其自然属性和力学性质的差异，决定了其自身的尺度限制，合适的尺度与比例才能体现各种建筑材料的最佳强度、刚度、韧性等，进而发挥更好的作用。

在立体构成中，根据材料的外观形态可以分为线材、面材和块材。这种形态的变化也给人带来不同的视觉反应，进而产生不同的心理感受。一般来说，线材看起来更加空灵、通透，使人觉得轻快、锐利，富有节奏感；面材有强烈的遮挡感，带来充实的感觉；而块材更具有三维的空间感，是稳定的象征。

（2）色彩。色彩能够对人的生理、心理产生影响，如冷暖、轻重、软硬、强弱以及联想搭配的各种情感等。色彩的使用与建筑功能有着密切的联系，如医院常常使用较为温馨、柔和的颜色；幼儿园则适合选用活泼、动感较强的色彩等。在材料的视觉特征中，色彩属于敏感的、最富表情的要素，本身就具备视觉美感。

明确设计中想要表达的主题，如使用不透明的油漆，色彩直接与建筑的形体相结合，突出了色彩与“形”的表达，但却掩盖了材料的物质概念，失去了本性。当然如何取舍在于建筑师自身的设计观，其设计手法要紧密联系材料的局部特征和建筑整体，材料色彩既要表达材料的真实性，又要与自身美学价值的内容相互统一。这就需要建筑师深刻地思考、体验，主动地试验和把握，也需要技术与工艺的支持。

（3）质感。材料的质感融合了视觉和触觉的综合印象，质感一般是指物体表面或实体经触摸或观看所得的稠密或疏松以及质地松散、精细、粗糙的程度，主要是强调人对某种材料外表面特有结构的感受，人们通过质感来体验材料的表面特征和物质性。

材料的视觉质感和肌理与视距有着密切的关系，只有在适合的观赏距离，材料才能充分展现其质感美。不同材料在建筑中展现出不同质感的对比可以增强视觉效果，而同一种材料，采用不同的加工方式，改变其表面特征，也可以体现出不同的视觉质感。

在实际使用中，材料的形体、色彩、质感是同时作用体现材料的表现力的，三种要素在感受过程中是不可分割的。比如材料在视觉上获得的质感在感受过程中实际是通过色彩信息来获得的，人往往是根据材料表面的色彩信息感知材料的肌理效果，进而推断出其质地特征。质感依赖于材料的色彩，同时质感也丰富了材料的色彩。材料的形状与质感、色彩也有非常紧密的关系，同种材料即使有着相同的质感和色彩，但如果把它们制作或组合成不同的形状后，它带给人的视觉感受也是截然不同的。当观赏距离较远时，质感对人的视觉作用较弱，这时对视觉感受起决定作用的是材料的形状和色彩；在近距离观赏时，材料的质感与色彩起的作用相对较大。

2）材料在建筑创作中的表达

（1）木材。木材属于多孔性材料，表面有许多小的凹凸，在光线的照射下，出现漫反射现象，或吸收部分光线，光仿佛渗透进木材的表面，使它产生柔和的光泽，表现出温暖而亲切的性格。带皮的木材显得野性、粗糙，呈现出自然野生的本质，让人感觉与大自然亲近和谐。去皮的原木则洁净、光滑，使人在体味自然的同时产生纯洁高雅的感觉，经加工后的板材根据木材的细密程度和所含树脂的多少，表面会呈现不同的光泽，用于不同的表现需要，如图 2-50 所示。

（2）砖。砖的使用历史悠久，这就造就了砖的传统感，甚至具有符号般的意义。我国传统的砖主要为预制黏土砖及烧结黏土实心砖，这种砖从视觉上让人感受到整齐、自然、朴实，心理上让人觉得亲切、温馨，如图 2-51 所示。

谈到砖，必须谈到它们的砌筑形式，用小尺寸砖块通过砂浆的黏结形成大尺寸构件，各式各样的砌筑方式产生不同的肌理，使得砖石建筑表现力更加丰富。清水砖墙表面的细部与它的砌筑方式密切相关，砌筑方式的灵活程度直接决定了清水砖墙细部的丰富程度。

许多现代建筑使用清水砖墙并不是突出砖本身的细部表现力，但如果决定以砖本身作材料，那么提高砌筑方式的灵活性将是丰富其表现力的必要手段。砖的砌筑关键是错缝搭接，使上下砖的垂直缝交错，这样才能保证砖墙的整体性。在保证结构受力及稳定性的基础上，砖墙可以局部斜砌或立砌，立面的光影和肌理变化会更加丰富，砌体中部分丁砖还可以出挑，以形成立面的凸起，产生丰富的光影效果。同时在砌筑过程中也可以局部不砌满或局部凹入，甚至利用砖砌出孔洞，使清水砖墙表面效果更加丰富。

图2-50 木材材质

图2-51 砖材质

（3）石材。石材外观粗糙、坚硬、色彩鲜明、线理清晰，给人感觉坚固、厚重、高贵、永久。石材一直以其特有的历史感、人情味和自然感为世人所喜爱。石材材料直接取自大自然，自身质朴的美使得外露的材料质感成为感人的艺术形式，无须刻意掩饰，充分利用石材材料自身的纹理和天然色彩便可达到美轮美奂的效果。石材柔和的颜色、略显粗糙的表面质感、不规则的图案肌理，以及由这些所构成的建筑实体和艺术造型，形成无法抵挡的艺术感染力。尤其它在创造亲切的居住环境时，作用更是明显，如图2-52所示。

（4）玻璃。玻璃作为一种有独特个性的现代建筑材料，有自己与众不同的特点。它清澈明亮，自身光洁细腻，结构致密，使得玻璃显得简洁、明快、坚硬、冷漠、富有动感，而其透明的物理特性又使它显出温柔浪漫的一面，对光线可以进行透射、折射和反射等多种物理特性的应用，使得它在众多材料中脱颖而出，在建筑中被广泛使用，如图2-53所示。

图2-52　石材材质别墅

图2-53　玻璃材质别墅

玻璃材料最显著的特征就是其透光性，在建筑设计中具有不可替代性。建筑大师密斯·凡德罗在早期的玻璃摩天楼设想中，试图将玻璃面表现为除去结构与装饰的完全透明的建筑表皮，意在使建筑的室内暴露在外，表达玻璃透明精美的质感。时至今日，以点支式玻璃幕墙为首的玻璃表皮才完全表达了密斯·凡德罗当年的初衷，透明的玻璃毫不掩饰建筑的结构和构造，建筑可以向外部展示其内部空间，使视觉层次拉大，消减了建筑物界面的封闭感，从而有着极强的表现力，是一种极端追求透明肌肤的效果。当然，透明的玻璃也许会对室内的私密性产生一定的影响，但是，私密性完全可以通过窗帘、百叶等方式来加以保证。半透明的玻璃如玻璃砖、磨砂玻璃、压花玻璃，其透明度介于实墙和透明玻璃之间，它的半透明性既使室内外空间有明确的界限，又避免了传统建筑过于沉闷的围合，而且，对于观者来说，玻璃可以使对面景色若隐若现、含而不露地展现，使建筑呈现出一种朦胧而含蓄的美感。

（5）混凝土。混凝土的大发展时期正是现代主义建筑思潮盛行的时期，20 世纪 60 年代，在勒·柯布西耶、路易斯·康等现代主义建筑大师的影响下，混凝土被广泛地运用在建筑的结构、造型、外墙材料中，混凝土逐渐从单纯的结构材料发展为一种富有外在表现力、功能齐全的建筑材料。20 世纪 70 年代后，质朴的混凝土开始繁荣在建筑舞台上，一些建筑师追求混凝土的精致，力争表达出混凝土的雅致、自然、细腻的效果，比如安藤忠雄的住吉长屋中，粗糙的混凝土在安藤忠雄的建筑中变得细腻柔和，混凝土墙面非常平滑光洁，这主要得益于其施工浇筑过程的极度精确性和一丝不苟的细部处理。

图2-54　混凝土Polanco联排别墅

混凝土色彩在历史文化传统中有着重要的作用，在环境协调、空间氛围塑造中也有着非凡的表现力。混凝土材料色彩的多重性与丰富性使其在探求建筑的民族传统特色中发挥着不可或缺的作用，如拉丁美洲地处热带地区，其潮湿炎热的气候特征，使木材、金属等建筑材料极易腐烂，钢筋混凝土作为主要的现代建筑材料被广泛使用于拉美地区，该地区民族性格热烈奔放，喜好鲜明的建筑色彩，其传统建筑就经常应用色彩丰富的材料，如图 2-54 所示。

5. 别墅建筑的风格

1）欧式风格

古典传统风格起源于公元前 4 世纪古希腊神庙建筑，以及公元前 1—5 世纪古罗马公共建筑风格。其雄伟的古典柱廊、高大的柱头、朴实的质感令世人称赞。匀称的比例、高贵的品质和突出的个性，是注重地位和品位的业主追求的目标。经文艺复兴运动和 19 世纪新古典主义运动的完善，古典风格已发展成古典建筑理论的思想根基，是许多完美主义者追求的境界，属于这一传统的风格主要有罗马风格、希腊风格等。

（1）罗马风格。罗马风格别墅源于古罗马风格，其建筑特征是：别墅的入口一般设计在正立面明显的地方，正门的门上方有一个半圆形或椭圆形的气窗；正立面是一个与屋檐等高的古典门廊，古典门廊由四根基础为方形的柱子和正山墙（三角楣）组成，有简单的三角形屋顶或三角形屋脊；窗户是按中心轴对称分布的，通常有五列，也有的别墅窗户为三列，或是七列。

（2）希腊风格。希腊风格源于古希腊庙宇风格，又名早期古典复兴风格，在美国获得独立后的 30 年最为流行，其别墅特征是：屋顶为低坡度的山墙或四坡顶；古典式门廊（有时与屋檐等高）的顶通常是平的，由若干根圆形或方形的立柱支撑；在三角形屋檐下及正门廊的屋顶下有宽长的上楣带；正大门上有横向装饰条，与精制的大理石装饰融于一体。

2）地域风格

（1）地中海风格。地中海风格特指沿欧洲地中海北岸一线的建筑，特别是西班牙、葡萄牙、法国、意大利、希腊等国家南部沿海地区的住宅。淳朴的颜色，红瓦白墙，众多的回廊、穿堂、过道，一方面增加海景欣赏点的长度，另一方面利用风道的原理增加对流，形成穿堂风式的所谓被动式的降温效果。

线条是构造形态的基础，因而在建筑中是很重要的设计元素。地中海沿岸建筑的线条简单且修边浑圆，省略繁复的雕琢和装饰，给人的感觉格外返璞归真、与众不同，这与地中海风格本身代表的极其休闲的生活方式是一致的。地中海建筑中最常见的三个元素：长长的廊道，延伸至尽头，然后垂直拐弯；半圆形高大的拱门，或数个连接或垂直交接，在走动观赏中出现延伸般的透视感；墙面通过穿凿或半穿凿形成镂空的景致。

地中海风格建筑有三种最典型的色彩搭配：蓝与白、金黄与蓝紫、土黄与红褐。简单却明亮、大胆、丰厚，这与地中海地区的自然环境色彩是相互呼应的，西班牙蔚蓝色的海岸与白色的沙滩，南意大利金黄色的向日葵花田，法国南部蓝紫色的薰衣草田，希腊碧海蓝天下的白色村庄，还有北非沙漠及岩石的红褐与土黄，在地中海充足的光照下，呈现出色彩最绚烂的一面，也构筑了地中海风格建筑所特有的色彩碰撞与组合。如图 2-55 所示，是地中海建筑风格的滟澜山别墅。

图2-55 滟澜山（北京）——地中海建筑风格

（2）意大利托斯卡纳地区风格。意大利的托斯卡纳建筑让人想起沐浴在阳光下的山坡、村庄、葡萄园以及朴实富足的田园生活，托斯卡纳金色的阳光、红色的土壤、青绿的森林、葡萄园和牧场、浅绿的橄榄树果园，各种颜色调和在一起就是托斯卡纳风格，在温暖的金色调中寻找一种斑驳不均的颜色，通过采用天然材质表现出来，如木头、石头和灰泥等，丰富的材质肌理则将这种风格发扬光大。这些几个世纪的老房子有着高低、朝向各不相同的赤陶屋顶，产生一种节奏感的视觉效果。

通常托斯卡纳风格的别墅入口有一个富有戏剧效果的塔或是圆形大厅，高于其他屋脊线，给人一种强烈的等级、永恒与威严感，岩石与灰泥戏剧性的表现光与影的关系也是托斯卡纳风格的精髓之一。这些体现地域风格的设计手法被广泛运用于喷泉、壁饰、壁炉和庭院。铁艺、百叶窗和阳台，尤其是爬满藤蔓的墙同样表达了托斯卡纳风格。

（3）西班牙风格。西班牙风格（见图2-56）是殖民风格、折中主义风格和蒙特利风格等的总称，也包括在南美洲曾盛行的西班牙风格。与其他西欧建筑风格相比，西班牙风格较为独特，其中常有多弧形的墙面，立柱支撑的门廊上也有弧线装饰。

图2-56　卡梅尔（天津）——西班牙建筑风格

西班牙建筑风格特征表现在以下四个方面。

① 浅色调：西班牙风格的最大特点是在西班牙建筑中融入了阳光和活力，采取更为质朴温暖的色彩，使建筑外立面色彩明快，既醒目又不过分张扬，且采用柔和的特殊涂料，不产生反射光，不会晃眼，给人以踏实的感觉。

② 具有典型的西班牙建筑元素及特征：从红陶筒瓦到手工抹灰墙，从弧形墙到一步阳台，还有铁艺、陶艺、挂件等，以及对于小拱璇、文化石外墙、红色坡屋顶、圆弧檐口等符号的抽象化利用，都表达出西班牙风格的特征。

③ 取材朴实，产品完全手工化、精细化：西班牙建筑采用的建筑材料一般都会给人斑驳的、手工的、比较旧的感觉，但却非常有视觉感和生态性，像陶瓦，泥土烧制，环保吸水，可以保持屋内温度。无论是在地形处理还是铁艺、门窗及外墙施工工艺方面，西班牙风格建筑都能体现出手工打造的典型特征。

④ 家庭庭院：典型的西班牙建筑一般每户都有两个庭院——入户庭院和家庭庭院，入户庭院突出了会客的气氛，院门为仿旧铁艺门；家庭庭院则体现了家人交流空间的特点，同时有一定的私密性。

西班牙建筑通常以远高近低的层次方式排布，高低错落，符合人的空间尺度感。外立面设计着重突出整体的层次感和空间表情，通过空间层次的转变，打破传统立面的单一和呆板，其节奏、比例、尺度符合数学美。

（4）意大利风格。意大利风格建筑（见图2-57和图2-58）在建筑空间、建筑构件和外形装饰上，都体现出一种秩序、一种规律、一种统一的空间概念。流行于19世纪下半叶的意大利风格，一般为方形或近似方形的平面，红瓦缓坡顶，出檐较深，宽长的屋檐下均等排列装饰托座。檐口处精雕细凿，气势宏大，既美观又避免雨水淋湿檐口及外墙而变色，使外观看上去始终保持鲜艳亮丽。意大利风格的建筑，朝向花园的一面通常有半圆形封闭式门廊，落地长窗将室内与室外花园连成一体，门廊上面是二楼的半圆形露台。

图2-57 香醍漫步（北京）——意大利建筑风格

图2-58 中海半岛华府（苏州）——意大利建筑风格

意大利建筑在细节的处理上特别细腻精巧，又贴近自然的脉动，使其拥有永恒的生命力。铁艺是意大利建筑的一个亮点，阳台、窗间都有铁铸的花饰，既保持了罗马建筑的特色，又升华了建筑作为住宅的韵味感。尖顶、石柱、浮雕，彰显着意大利建筑风格古老、雄伟的历史感。

（5）法国风格。法国建筑素来强调屋顶的美感。法国第二帝国风格源于拿破仑三世统治时期巴黎的建筑风格，经英国传入美国，最初作为公共建筑的主要形式，后逐步在花园别墅中采用。其建筑特征是：高大而突出的楔形屋顶孟莎顶（Mansard）；侧面屋顶配有若干老虎窗。

法式建筑往往不求简单的协调，而是崇尚冲突之美，呈现出浪漫典雅的风格。法式建筑还有一个特点，就是对建筑的整体有着严格的把握，善于在细节雕琢上下功夫。法式建筑是经典的，而不是时尚的，是经过数百年的历史筛选和时光打磨留存下来的。法国风格建筑十分推崇优雅、高贵和浪漫，它是一种基于对理想情景的考虑，追求建筑的诗意、诗境，力求在气质上给人深度的感染。风格则偏于庄重大方，整个建筑多采用对称造型，气势恢宏。豪华舒适的居住空间，屋顶多采用孟莎式，有坡度且转折，上部平缓，下部陡直。屋顶上多有精致的老虎窗，或圆或尖，造型各异。外墙多用石材或仿石材装饰，细节处理上运用了法式廊柱、雕花、线条等，制作工艺精细考究。

（6）英式风格。英式建筑（见图 2-59 至图 2-62）空间灵活适用，流动自然，蓝、灰、绿等富有艺术的配色处理赋予建筑动态的韵律和美感。淡绿的草场，深绿的树林，金黄的麦地，点缀着尖顶的教堂和红顶的小楼，构成了英国乡村最基本的图案。

图2-59　万科红郡（上海）——英伦小镇都铎风格

图2-60　绿城桃花园（杭州）——英伦小镇风格

英式别墅的主要结构墙体为混凝土砌块，具有简洁的建筑线条、凝重的建筑色彩和独特的风格，坡屋顶、老虎窗、女儿墙、阳光室等建筑语言和符号的运用，充分诠释着英式建筑特有的庄重、古朴。双坡陡屋面、深檐口、外露木构架、砖砌底角等为英式建筑的主要特征。英国建筑大多保持着红砖在外，斜顶在上，屋顶为深灰色。也有墙面涂成白色，是那种很暗的白色，或者可以叫作灰色。房子一般是由砖、木和钢材等材料构成，很少看见钢筋混凝土的建筑。郁郁葱葱的草坪和花木映衬着色彩鲜艳的红墙、白窗、黑瓦，显得优雅、庄重，建材选用手工打制的红砖，炭烤原木，铁艺栏杆，手工窗饰拼花图案，渗透着自然的气息。

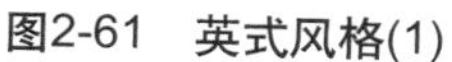

图2-61 英式风格(1)

图2-62 英式风格(2)

（7）德国风格。德式风格是从中世纪德国民间住宅的基础上发展起来的。与英国都铎风格相近，不同的是每个立面几乎都有明显的装饰，俗称“绷带式”建筑，是日耳曼民族的主要民居形式。德国现代建筑简朴明快，色彩庄重，重视质量和功能，在现代世界建筑上占有重要的地位。

（8）荷兰风格。荷兰风格（见图 2-63）有两大明显的特点：第一，双折线屋顶；第二，侧墙沿街面开数扇老虎窗。荷兰风格吸取了辛格风格的建筑特征，非对称式（L 形），屋顶上有时开一个巨大的辛枠窗。荷兰风格建筑布局合理，通风与采光良好。

图2-63 荷兰风格

3）北美风格

美国是一个移民国家，几乎世界上各民族的后裔都有，带来各样的建筑风格，其中尤其受到英国、法国、德国、西班牙以及美国各地区原来传统文化的影响较大，互相影响，互相融合，并且随着经济实力的进一步增强，适应各种新功能的住宅形式纷纷出现，各种绚丽多姿的住宅建筑风格应运而生。美国风格别墅的主要特征：重建筑的居住功能，轻风格特征。

美式建筑风格主要依据于四个主要时期的建筑风格：古典时期的风格，文艺复兴时期的古典风格，中世纪时期风格和现代主义风格。古典风格参照了古罗马或古希腊时期的纪念物，和它较为类似的文艺复兴时期的古典风格是起源于15世纪的意大利对古典建筑的复兴。这两种古典风格具有许多相同的建筑细部。第三种传统风格出现在中世纪时期，在时间上连接古典风格和文艺复兴古典风格，这一时期的建筑风格主要是参照教堂建筑纯正的哥特风格，也有居住建筑。英国和法国这一时期的建筑对北美住宅的影响最大。第四种传统风格是现代主义风格，开始于19世纪晚期并延续到现在。它没有过多的装饰，外部效果简洁诚实，新的结构技术的应用使其空间有了变化的余地。其他影响北美住宅的风格有西班牙风格，包括北美地区西班牙殖民地的简单建筑和西班牙本土的精巧建筑。东方和埃及的建筑也或多或少地成为北美住宅的参照。

美式别墅的建筑体量普遍比较大，风格的明显特点是：大窗、阁楼、坡屋顶、丰富的色彩和流畅的线条。街区氛围追求悠闲活力、自由开放。美式别墅多为木结构，运用侧山墙、双折线屋顶以及哥特式样的尖顶等比较典型的建筑视觉符号，体现了乡村感。

北美建筑风格如图2-64和图2-65所示。

图2-65　北美建筑风格（1）

图2-65　北美建筑风格（2）

4）中式风格

（1）古典中式建筑风格。中式古典风格常给人以历史延续和地域文脉的感受，室内环境突出了民族文化渊源的形象特征。中国是个多民族国家，谈及中式古典风格，实际上还包含民族风格，各民族由于地区、气候、环境、生活习惯、风俗、宗教信仰以及当地建筑材料和施工方法不同，具有独特形式和风格，主要反映在布局、形体、外观、色彩、质感和处理手法等方面。

中式古典风格的主要特征是：以木材为主要建材，充分发挥木材的物理性能，创造出独特的木结构或穿斗式结构；讲究构架制的原则，建筑构件规格化；重视横向布局，利用庭院组织空间，用装修构件分合空间；注重环境与建筑的协调，善于用环境创造气氛；运用色彩装饰手段，如彩画、雕刻、书法和工艺美术、家具陈设等艺术手段来营造意境。

图 2-66 所示为古典中式建筑风格——观唐（北京）。

图2-66 观唐（北京）

（2）现代中式建筑风格。现代中式风格是中式风格的一种，也被称作新中式风格，是中国传统风格文化意义在当前时代背景下的演绎；是对中国当代文化充分理解基础上的当代设计。“新中式”风格不是纯粹的元素堆砌，而是通过对传统文化的认识，将现代元素和传统元素结合在一起，以现代人的审美需求来打造富有传统韵味的事物，让传统艺术的脉络传承下去。其特点常常是使用一些现代的材料作为表现中国传统的元素，如用雕花玻璃来表现古典图案，将银色的金属镶嵌在传统的家具中等。

图 2-67 和图 2-68 所示为堂樾（东莞），图 2-69 和图 2-70 所示是九间堂（上海），堂樾和九间堂都是现代中式建筑风格。

图2-67 堂樾（东莞）——现代中式建筑风格（1）

图2-68　堂樾（东莞）——现代中式建筑风格（2）

图2-69　九间堂（上海）——现代中式建筑风格（1）

图2-70　九间堂（上海）——现代中式建筑风格（2）

（3）徽派建筑风格。徽派建筑是中国古建筑最重要的流派之一，它的工艺特征和造型风格主要体现在民居、祠庙、牌坊和园林等建筑实物中。它集徽州山川风景之灵气，融风俗文化之精华，风格独特，结构严谨，雕镂精湛，不论是村镇规划构思，还是平面及空间处理、建筑雕刻艺术的综合运用，都充分体现了鲜明的地方特色。尤以民居、祠堂和牌坊最为典型，被誉为“徽州古建三绝”，为中外建筑界所重视和叹服。徽派建筑在总体布局上，依山就势，构思精巧，自然得体；在平面布局上，规模灵活，变幻无穷；在空间结构和利用上，造型丰富，讲究韵律美，以马头墙、小青瓦最有特色；在建筑雕刻艺术的综合运用上，融石雕、木雕、砖雕为一体，显得富丽堂皇。

徽派建筑是中国古代社会后期比较成熟的建筑流派，以黛瓦、粉壁、马头墙为表型特征，以砖雕、木雕、石雕为装饰特色，以高宅、深井、大厅为居家特点；色彩方面以黑色和白色为主。

图 2-71 所示是徽派建筑风格的山水草堂（西安）。

图2-71　山水草堂（西安）——徽派建筑风格

5）现代简约建筑风格

现代简约建筑风格产生于 19 世纪后期，成熟于 20 世纪 20 年代，在 50—60 年代风行于全世界，是 20 世纪中叶在西方建筑界居主导地位的一种建筑。代表人物主张建筑师摆脱传统建筑形式的束缚，大胆创造适用于工业化社会条件和要求的崭新的建筑，具有鲜明的理性主义和激进主义色彩，又称现代派建筑。

现代简约建筑风格特征。

（1）推陈出新。强调建筑要随时代而发展，应同工业化社会相适应，强调建筑的实用功能和经济问题，主张积极采用新材料、新结构，坚决摆脱过时的建筑式样的束缚，放手创造新的建筑风格，主张发展新的建筑美学，创造建筑新风格。

（2）造型和线条。以简洁的造型和线条塑造鲜明的社区表情。

（3）立面和建材。通过高耸的建筑外立面和带有强烈金属质感的建筑材料堆积出居住者的炫富感，以国际流行的色调和非对称性的手法，彰显都市感和现代感。

（4）色彩。竖线条的色彩分割和纯粹抽象的集合风格，凝练硬朗，营造挺拔的社区形象。

（5）布局。波浪形态的建筑布局高低跌宕，简单轻松，舒适自然。强调时代感是它最大的特点。

图 2-72 至图 2-74 所示，是现代简约建筑风格。

图2-72　中海大山地（深圳）——现代简约建筑风格

图2-73　格林小镇（北京）——现代简约建筑风格

图2-74 现代简约建筑风格

1. 别墅建筑设计信息收集与分析的主要内容包括哪些方面？
2. 别墅建筑设计方法有几种？分别是什么？
3. 别墅建筑的外部造型遵循哪些美学原则？
4. 别墅建筑的风格有哪些？请举例说明。

第三章 别墅建筑功能空间的设计

学习要点及目标

了解别墅建筑的具体功能空间，并掌握各空间具体布局原则及标准，针对不同的案例分析，能够举一反三对不同的设计方案进行评价；掌握各种平面形态中的文字、图形、色彩、符号等视觉元素布局原则。

本章导读

别墅建筑功能空间设计的首要任务，就是要营造出具有相应实用功能的各种空间，如玄关、客厅、厨房、餐厅、卧室、卫浴间、书房、储藏空间、阳台、走道及楼梯等（见图3-1），为个人生活和社交活动提供个安静、舒适、便捷、充满情趣和个性化的环境和精神氛围。别墅建筑功能空间可划分为五类（见图3-2），即社交空间、家庭活动空间、私密空间、服务性空间和室外空间。

图3-1　某别墅一层平面布局图

社交空间	私密空间	家庭活动空间	服务性空间	室外空间
玄关	卧室	餐厅	车库	雕塑小品
客厅	书房	厨房	储藏室	植物绿化
		影音室	佣人房	道路铺装
		健身房		山石水体
		阳光房		

图3-2　别墅功能空间分类

第一节 玄关、客厅的设计

一、玄关的概念

玄关，又叫作过厅或门厅，作为住宅空间的起始部分，它是外部（社会）与内部（家庭）的过渡空间和连接点。如图 3-3 所示，玄关为住宅主入口直接通向室内的过渡性空间，它的主要功能是家人进出和迎送宾客，也是整套住宅的屏障。通常进入房间，一进门就能看到。

图3-3 玄关入口的设计

二、玄关的功能分析

玄关是从外门进入室内换鞋、更衣或从室内向室外的缓冲空间，所以，在设计中必须要考虑实用因素和心理因素。其中应包括适当的面积、较高的防卫性能、合适的照度、益于通风、有足够的储藏空间、适当的私密性以及安定的归属感。玄关虽然面积较小，但使用频率较高，它是进出住宅的必经之处，因此也承载着多种实用功能。

1. 视觉屏蔽的安全性

开门见厅（即一开门就对家中的情形一览无余），是每个主人都不希望的。玄关就是注重了人们在别墅内生活行为的私密性、隐蔽性和安全感而设置的。在客人来访或家人出入时，客厅能够有效地避免外界的干扰，从而满足家人心理上的安全感。在玄关和客厅之间增加过度或遮挡，避免进来的人一览无余地看到屋内风景，这样的处理方式在增加空间层次感的同时，还可以起到一定的使用功能和装饰作用。当然，这样的遮挡不一定完全遮住视线，可以采用镂空或半遮半掩的处理方式，既阻隔视线，又不影响采光。隔断分类一般有低柜隔断式、玻璃通透式、格栅围屏式（见图 3-4）和柜架式。

图3-4　拙政东园别墅样板房

2. 储藏、更衣

玄关的储物功能也需要特别加强，如图 3-5 所示，这一空间内通常需设置鞋柜、挂衣架或衣橱、储物柜等。面积允许时也可放置一些陈设物、绿化景观等。在交通顺畅的情况下，安排尽可能多的收纳空间。为了使外表看起来干净整洁，玄关的家具尽量以密闭型空间为主，在增大储物功能的同时，还可以美化空间。为了防污、耐磨，玄关的地面通常以大理石、瓷砖等耐磨易清洁的深色材料为主，通常也会铺设地毯来增加空间美感。

图3-5　现代别墅的玄关储物空间

3. 装饰与接待功能

玄关是人们进入该住宅室内空间中的第一视觉点，因此，它的视觉形象也代表了外界对整个居室的整体印象。除承担更衣、换鞋的功能外，展示空间风格、品位也是不容忽视的设计重点，常常作为别墅空间设计的浓缩和点睛之笔。如图 3-6 所示，龙别墅玄关入口增加隔断及装饰品的摆放，使空间整体氛围更加统一。

图3-6 龙别墅的玄关入口

三、玄关的设计要点

玄关的主要功能是家人进出和迎送宾客，也是整套别墅的屏障，需要格外关注氛围的营造。对于氛围的营造，照明就是一种最简易的气氛烘托方法，在玄关可以依据不同的位置合理安排吸顶灯、筒灯、射灯、轨道灯等，形成基础照明和局部重点照明，营造出温馨的格调。

大多数别墅玄关的面积接近最低限度的动作空间，可能只够脱鞋、换鞋所需的空间，要力求小中见大的空间序列感，还要避免该空间过于局促产生压抑感。一般别墅中可采用两层相通的共享空间做法，以加大纵向空间，从而减少压抑感。

玄关的设计，既要充分利用有限的空间使交通顺畅，又要满足功能性的内容，同时还要将整个室内的风格、特色在这个狭小的空间中充分体现出来。

四、 客厅的概念

客厅也称起居室，是供居住者会客、娱乐、聚会等活动的空间，是待客和日常活动的主要场所，兼具交通枢纽的作用。传统建筑的“堂”即客厅，是家庭主人身份、修养、实力的象征。

五、客厅的功能分析

客厅是住宅中的社交空间，是家庭活动的中心，是家庭成员团聚、畅谈、娱乐及会客的空间，也兼备用餐、学习和工作的功能，同时还兼做套内的交通枢纽。因此，它是住宅内部活动最为集中、使用频率最高、辅助其他区域的核心空间。由于客厅的核心地位，在别墅设计中一般都会作为整体住宅的重点来进行构思规划，以此来定义整个空间环境的气质、风格与品位。因客厅的人流较为集中，与其他空间的联系紧密，所以要强调动静分区、流线畅通。因人们在客厅内活动的多样性，它的功能也就是综合性的。客厅几乎涵盖了家庭中 80% 的生活内容。同时，客厅也是家庭与外界沟通的桥梁。

六、客厅的隐蔽性要求

客厅通常被用来展示家庭的品位和业主的社会地位。客厅应相对隐秘，因此在室内布置时宜采取一定措施进行空间和视线分隔。当卧室门或卫生间和客厅直接相连时，可以使门的方向转向一个角度或凹入，以增加隐蔽性来满足人的心理要求。如图 3-7 所示，为滨海御庭 T1 型别墅一层平面布局，客厅位置离主入口较近，为了避免一进门就对其一览无余，在入口设置过厅，不会直接通过主入口向户外暴露而使人心理上产生不良反应。

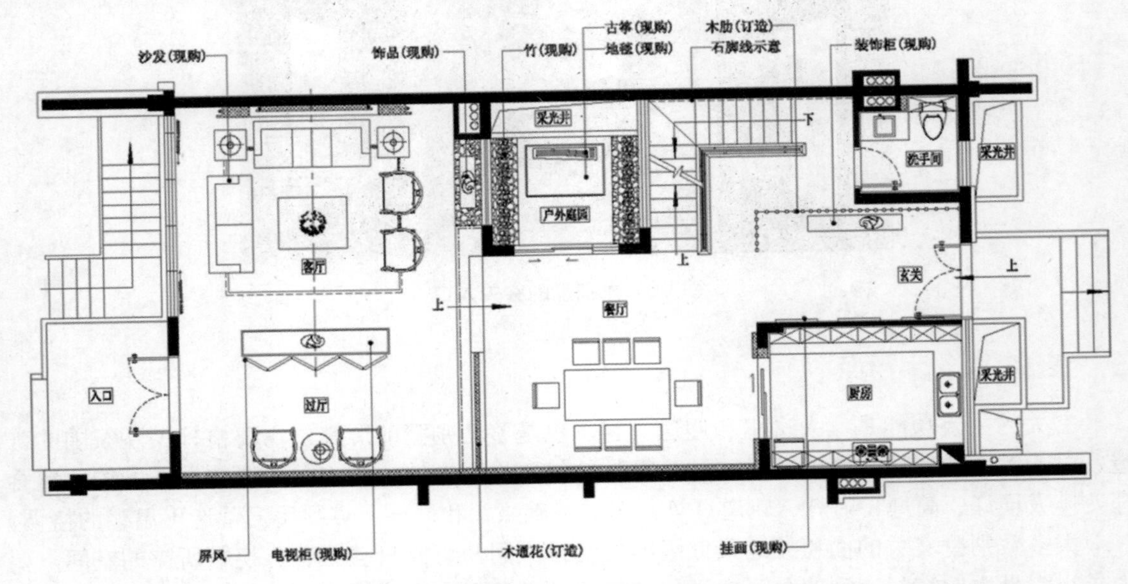

图3-7 滨海御庭T1型别墅的一层平面布局

七、客厅的布局形式

客厅的平面形状往往影响其使用的方便程度，客厅的尺寸要根据建筑实际情况、家庭成员与来客数量、视听设备要求等进行综合考虑。通常矩形是最容易布置家具的平面形式，适当面积和比例的空间，能提供多样的布局可能性。正方形客厅不宜于家具的布置，而正多边形、圆形等形状因为平面本身具有强烈的向心性，因而在室内设计中和家具布局上容易形成中心感。不规则的平面形状（比如局部是弧形的矩形平面），可能造就比较活跃的空间气氛。客厅应避免斜穿，可以的话应对原有的建筑布局进行适当的调整，或利用家具布局来巧妙地围合、分隔空间，以保持空间的完整性。常见的客厅家具布局形式有以下几种。

1. L形的平面布局

L 形的平面布局（即有两个呈 L 形的实体墙面）是比较开敞的布局方式，沙发根据墙的转角进行布置，通过天花的造型、地面的高差等限定客厅的空间范围，这是一种在有限空间中放置多个座位的较为方便的形式，从而在空间具有流动性的同时对空间有所限定。

2. 相对布置

相对布置是三人或双人沙发与单人沙发放置在茶几的两边，如图 3-8 所示，形成面对面交流的状态，具有良好的会客氛围，这种布置适合于较为宽敞的空间。

图3-8 中山清华坊的客厅设计

3. U形布局

U 形布局是目前最为常用的沙发布局形式，如图 3-9 所示，沙发或椅子布置在茶几的三边，开口向着电视背景墙、壁炉或最吸引人的装饰物。

图3-9 雅居乐剑桥郡U形客厅设计

4．分散式布置

分散式布置是一种散漫、随意性较大的布局方式，可根据主人在客厅中的日常生活方式进行最舒适、最便捷的区域流线划分，如图 3-10 所示，武汉汉南别墅客厅沙发凳、单人沙发椅的布局十分符合喜好休闲、个性化生活的年轻人。

图3-10　武汉汉南别墅的客厅方案

5. 一字形布置

一字形布置是沙发以一字形的方式靠墙布置，这种布局所占空间面积较小，适合于面积不大的客厅空间。

八、客厅的设计要点

中档以上的别墅或住宅往往设有两套日常活动的空间：一套是用于会客和家庭活动的客厅，另一套是用于家庭内部生活、聚会的空间——家庭起居室。客厅或生活起居室应有充裕的空间、良好的朝向。独院住宅客厅应朝向花园，并力求使室内外环境相互渗透。当只有一个生活起居室时，其位置多靠近门厅部位。若另有家庭活动室，则多设在靠近后面比较隐蔽的地方并接近厨房，利于家庭内部活动并方便餐饮。如图 3-11 所示，为天汇样板房，为了扩大客厅空间，把客厅与餐厅合一，空间相互渗透。

图3-11　天汇样板房的客厅设计

客厅设计中的要点有：风格、色调、家具搭配。设计客厅前首先要确立风格，再来从视觉上考虑使用什么色调，让客厅宽敞明亮是一件非常重要的事，不管是小户型还是大户型，在设计中都需要注意这一点，宽敞的感觉可以带来轻松的心境和欢愉的心情。客厅应是各个空间光线最亮的地方。如果光线太暗，在选择家具时尽量选择一些冷色系列。如图 3-12 所示，现代简约风格的客厅以浅色家具进行搭配，可使空间更加宽敞明亮。

图3-12 客厅的色调及家具搭配

客厅是家庭的活动中心，使用频繁，客厅的收纳与打理便成为每天必做的工作，因此在设计时，可以有意识地把视听柜做成储物空间，把茶几内腹做空储物，把沙发的扶手、转角利用起来作为平台或抽屉等，这些都可以有效增加空间的收纳功能，快速使杂乱的客厅恢复整洁。

客厅作为家的核心，它是家居格调中的主基调，除了要考虑其休闲、聚会、会客、娱乐等实用功能之外，还要考虑主人的社会背景、爱好、情趣、舒适度、美观等多方面因素，并结合空间特点全面综合地考虑，如图 3-13 所示。

图3-13 武汉汉南别墅的客厅软装方案

九、客厅的常用尺寸

（1）根据测量，单人沙发的尺寸一般为 760mm×760mm，双人沙发的尺寸是 760mm×1570mm，三人沙发（见图 3-14）的尺寸是 760mm×2280mm。

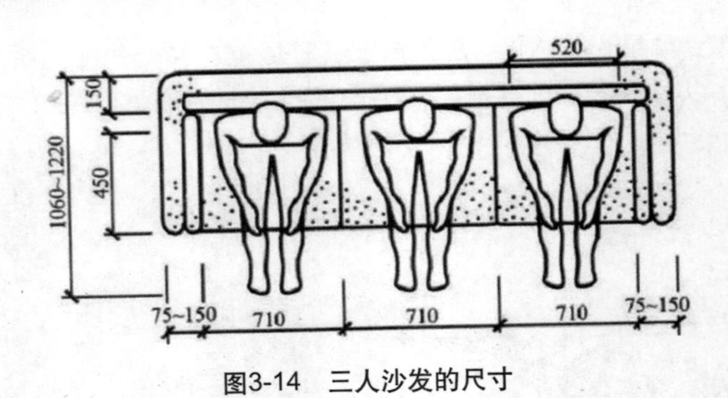

图3-14　三人沙发的尺寸

（2）茶几的尺寸为 1070mm×600mm、高度为 400mm。它和沙发之间的距离为 350mm 左右，如图 3-15 所示。

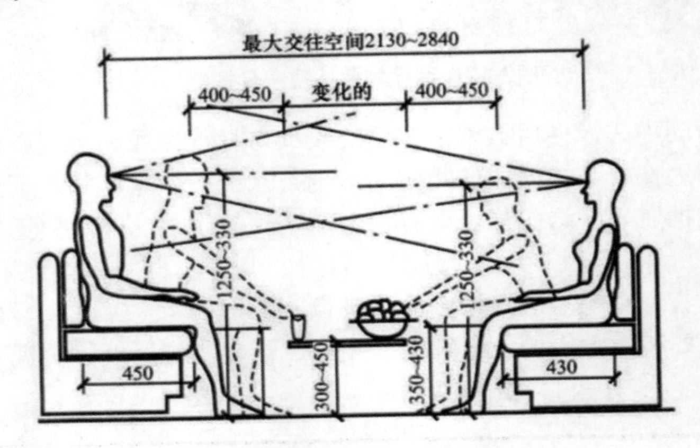

图3-15　沙发与茶几间距尺寸

（3）人的视线与电视屏幕之间的安全距离要在 1.2m 以上，尺寸若偏差太大会造成视觉疲劳，给视力造成伤害。带有躺椅的空间尺寸不能小于 1570mm，不然不能使用带有搁脚的躺椅。

（4）靠墙收纳柜最佳高度是小于或等于 1830mm，如图 3-16 所示。

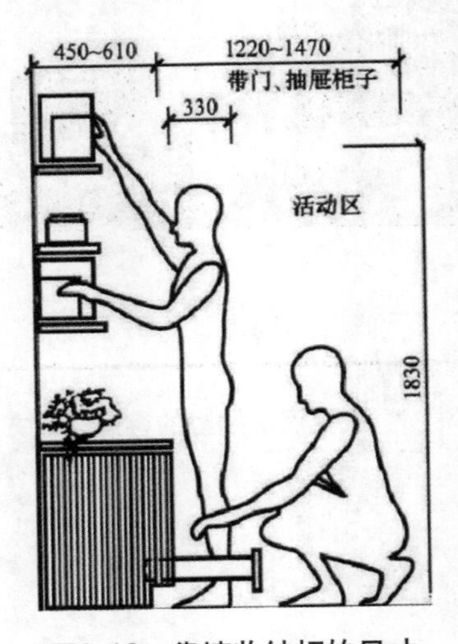

图3-16　靠墙收纳柜的尺寸

第二节 餐厅、厨房的设计

一、餐厅的概念

就餐是人们生活中必不可少的基本生理需求，餐厅就是解决人们日常进餐和邀请亲友聚餐的活动空间，是家庭团聚最多的地方之一。在条件允许的情况下，别墅空间应设置一处独立的进餐空间，摆放餐桌、餐椅、吧台、餐边柜等家具，并尽量营造出便捷、卫生、舒适的就餐环境和温馨高雅的生活氛围，如图 3-17 所示。

图3-17　武汉汉南别墅的餐厅软装方案

二、餐厅的设计要点

餐厅的内部家具主要是餐桌、餐椅和餐边柜等，其摆放和布置必须预留出人的活动流线和弹性空间。

餐厅常以餐桌为几何中心呈对称布置，由于中餐多采用围桌共食的就餐形式，故而餐桌以矩形和圆形为主。依据家庭日常进餐人数，常设置 4 人桌，餐厅面积为 5 ～ 7m^2；6 ～ 8 人桌，餐厅面积为 10.4 ～ 14.9m^2；或 10 人桌，餐厅面积为 14.9 ～ 16.02 m^2。若餐室面积较小，也可以采用折叠式或多功能餐桌，以增加餐厅的机动性。

餐厅中天花设计常采取对称形式，并且比较富于变化。其几何中心对应的位置是餐桌中心，可以在吊顶的立体层次上丰富餐厅的空间，使餐桌和屋顶构成视觉中心，也可突出菜品的色泽与质感，增加用餐食欲。天花的构图无论是对称还是非对称，其几何中心都应对应整个餐厅的中心，如图 3-18 所示，餐厅天花围绕餐座布局，这样有利于空间的秩序化。天花的形态与照明形式，决定了整个就餐环境的氛围。

图3-18　深圳市鸿荣源壹方中心餐厅效果图

照明方面，应当选用显色性好的吊灯作为主光源，同时还可用低照度的辅助灯或灯槽在其周围烘托气氛。主光源以暖色白炽灯为佳，三基色荧光灯因优越的显色性也成为不错的选择。

餐厅的地面处理，因其功能的特殊性而要求便于清洁，同时还需要有一定的防水和防油污特性。可选择大理石、釉面砖、复合地板及实木地板等，做法上要考虑污垢不易附着于构造缝之内。如图 3-19 所示，地面的图案与天花相呼应，整体空间协调统一。

餐厅用餐环境应以温馨为主，尽量采用橙色、黄色等明朗轻松的暖色调，暖色调可以刺激用餐者的胃口，总体给人以愉悦的感觉，有时可以适当地添加花和植物，为餐厅注入生机和活力。墙面的处理关系到空间的协调性，可运用技术、文化手段和艺术手法来创造舒适美观、轻松活泼、赏心悦目的空间环境，以满足人们的聚合心理。此外，灯具的色彩、餐巾、餐具的色彩以及花卉的色彩变化都将对餐厅整体色彩效果起到调节作用，如图 3-20 所示。

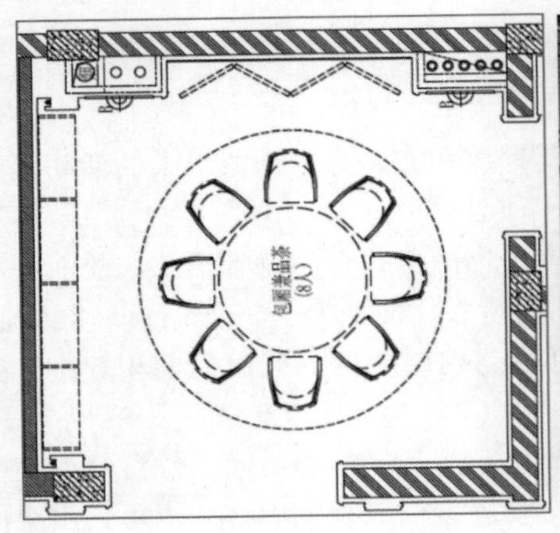

图3-19　山东济南百合花园餐厅的地面铺装

图3-20 新中式风格餐厅的软装方案

三、餐厅的常用尺寸

（1）布置尺寸为桌宽 760mm 的标准尺寸，再少也不能低于 700mm，否则两人面对面相坐会因为餐桌太窄而脚碰脚，如图 3-21 所示。

（2）餐椅的高度为 410mm 左右，靠背高度为 400 ～ 500mm，较平直，有 2° ～ 3° 的外倾，坐垫厚度为 20mm，如图 3-22 所示。

（3）餐厅餐桌一般满足三人、四人及六人使用，形状分为圆形和方形两种，如图 3-23 所示。

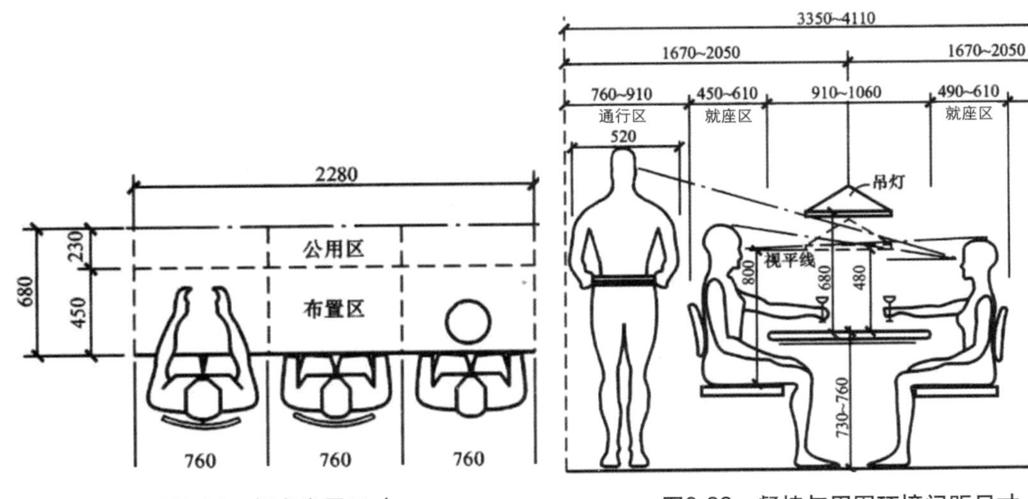

图3-21 餐桌常用尺寸

图3-22 餐椅与周围环境间距尺寸

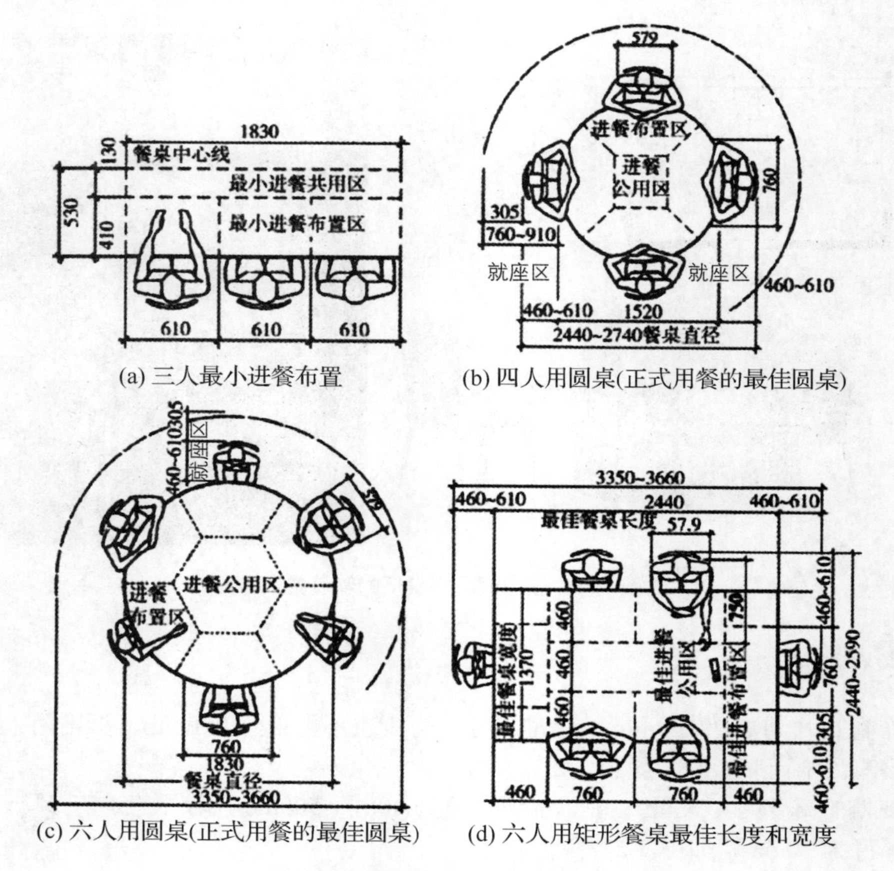

(a) 三人最小进餐布置

(b) 四人用圆桌(正式用餐的最佳圆桌)

(c) 六人用圆桌(正式用餐的最佳圆桌)

(d) 六人用矩形餐桌最佳长度和宽度

图3-23　不同大小的餐桌使用尺寸

四、厨房的概念及布局形式

厨房的空间规划需兼具实用、美观、安全、易清理及省时省力。空间的妥善规划极为重要，厨房内的作业流程则是依据使用者习惯的工作流线而定:取材、洗净、备膳、调理、烹煮、盛装、上桌。布局形式如图 3-24 所示：一字形平面布局，把 3 个工作重心列于一条线上，构成常见而实用的形式，若战线拉得过长，反而影响工作效率；二字形平面布局，沿着相对两面墙布置的走廊式平面，适用于长方形的厨房，但如果有人经常穿过，将会令使用者感到不便；L 形平面布局，沿着相邻的两墙面连续布置，如果 L 形延线过长，厨房使用起来略感不够紧凑；U 形平面布局，利用 U 形平面可使基本操作流线顺畅，工作三角完全脱开，是一种十分有效的形式；半岛形平面布局，它与 U 形平面布局相似，但有三分之一不靠墙，可将烹调中心布置在半岛上，是敞开式厨房的典型；岛形平面布局，在厨房平面中间设烹调中心，同时从四周都能够使用它，也可在“岛”上布置一些其他设施，如备餐台等。

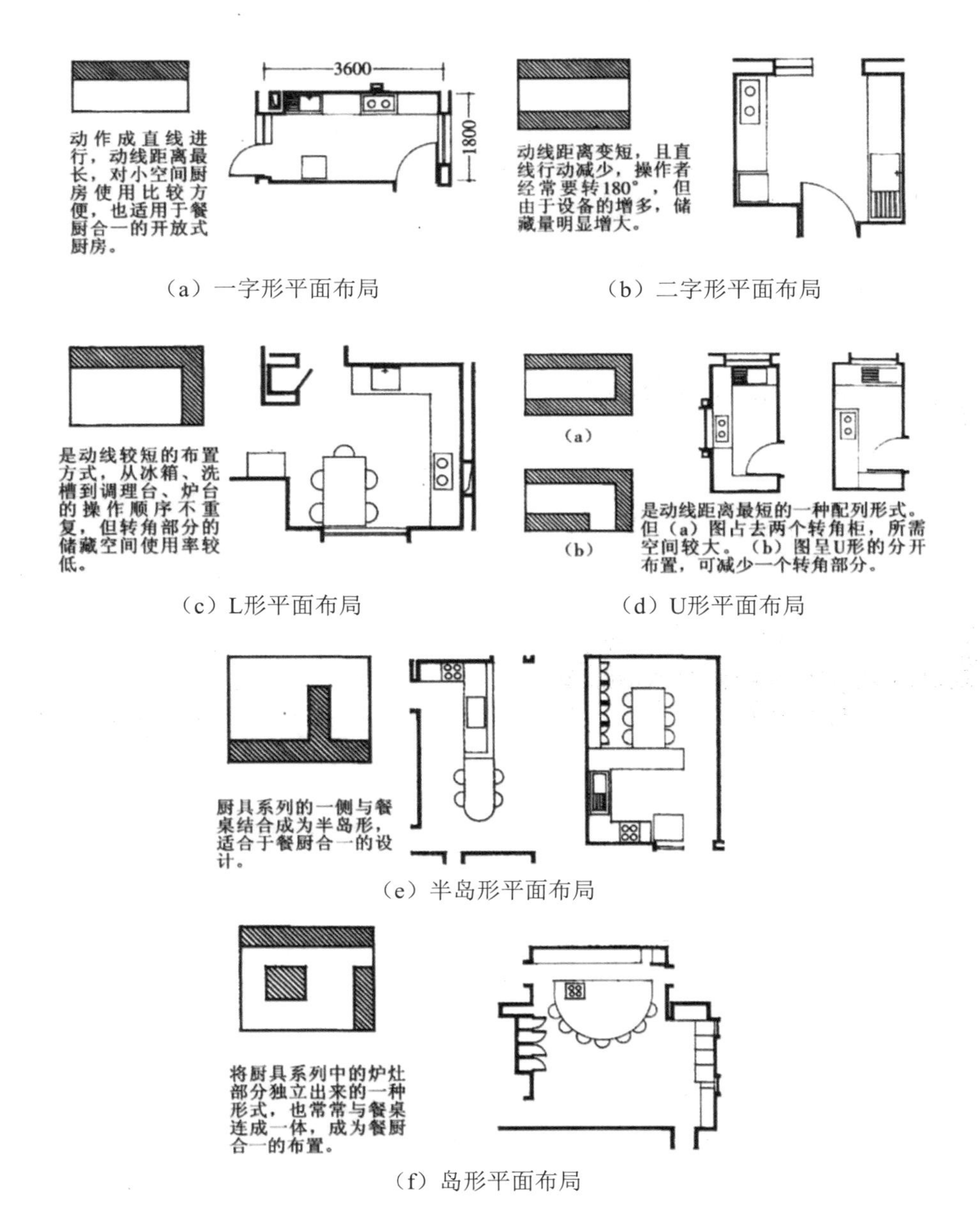

（a）一字形平面布局

（b）二字形平面布局

（c）L形平面布局

（d）U形平面布局

（e）半岛形平面布局

（f）岛形平面布局

图3-24　厨房的平面布局形式

五、厨房的设计要点

设计厨房之前，应认真测量空间的大小，以便利用空间的每一个角落。工作三角区内要配置全部必要的器具及设备。现代厨房的主要设备有：排油烟机、燃气灶、电磁炉、烤箱等。为了配合烹饪，还需要增加其他辅助设备，如冰箱、洗碗机、热水器、咖啡机、面包机、垃圾处理机等，我们必须了解这些设备的操作流程和物品尺寸，予以合理布局，使这些设备组织为一个有机的整体而不至杂乱无章。此外，有些厨具、餐具等要设计相应的储存柜或架，目的是令厨房更加整洁与美观。

厨房的设计因空间封闭性的不同常有密闭式和开放式两种，面积足够大的厨房可以考虑密闭式、开放式相结合的布置，封闭式厨房以中餐为主，满足煎、炒、炸、炖的需要（见图 3-25）；开放式部分可以做些无烟式烹饪、备餐等（见图 3-26），可以较好地提升做饭乐趣，促进家庭成员之间的交流。厨房的操作必然要用到水和火，因此要做好防水、防潮、防火、防污处理。地面一般略低于餐厅地面，采用防滑、耐脏、易清洗的陶瓷块材地面；操作台面和墙面也常选择防水、防火、耐污的花岗石、瓷质材料；天花必然要用不燃材料，如铝扣板等，禁用塑料、木材装饰。

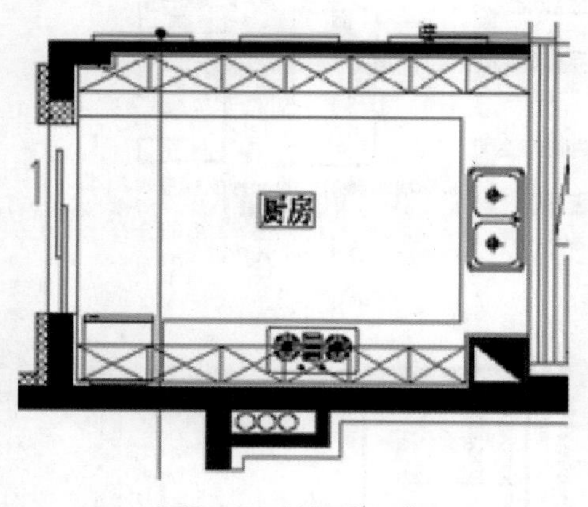

图3-25　封闭式厨房

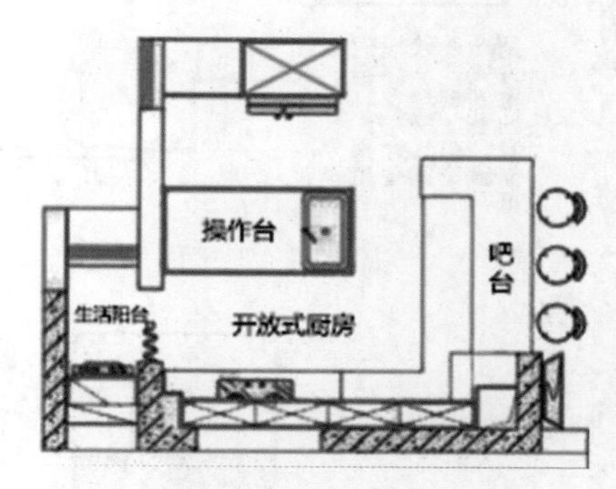

图3-26　开放式厨房

设计一些设备预留位置，要考虑到可添可改、可持续发展的问题。管线与设备要全部配套，每个工作中心应设有两个以上插座。将地上橱柜与墙上的吊柜及其他设施组合起来，构成连贯的单元，避免中间有缝或出现凹凸不平，方便清洁。操作台中及各吊柜里要有足够的空间，以便贮藏各种设施。操作台高度设为 800 ～ 910mm，台面进深为 500 ～ 600mm。吊柜顶面净高 1900mm，吊柜进深为 300 ～ 350mm。工作三角区边长之和小于 6m，以确保功能区域的有效联系和工作效率。为备餐提供具有耐压强度的操作台面，材料应具备耐高温性能。各工作中心要设置无眩光的局部照明。炉灶与冰箱之间至少要隔一个单元的距离。

设置有相当功率的排风扇，配合抽排油烟机工作，以确保良好的通风效果，避免油烟污染。

六、厨房的常用尺寸

（1）橱柜的设计需要考虑家庭主妇的身体条件。地柜工作台的高度要以人站立时手指能够触碰水盆底部为准。过高过低都会造成身体上的酸痛。常用的地柜高度尺寸为 800 ～ 840mm，操作台宽度不少于 450mm，如图 3-27 所示。

（2）地柜工作台到吊柜的高度为 600mm，最低不小于 500mm。抽油烟机的高度应使炉面到机底的距离为 750mm 左右，如图 3-28 所示。

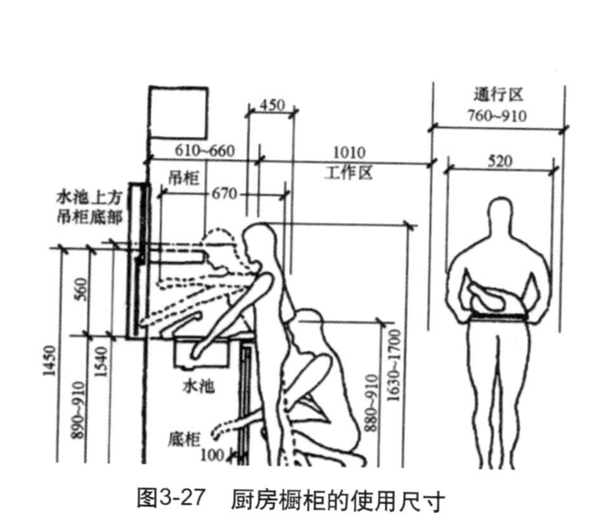

图3-27　厨房橱柜的使用尺寸

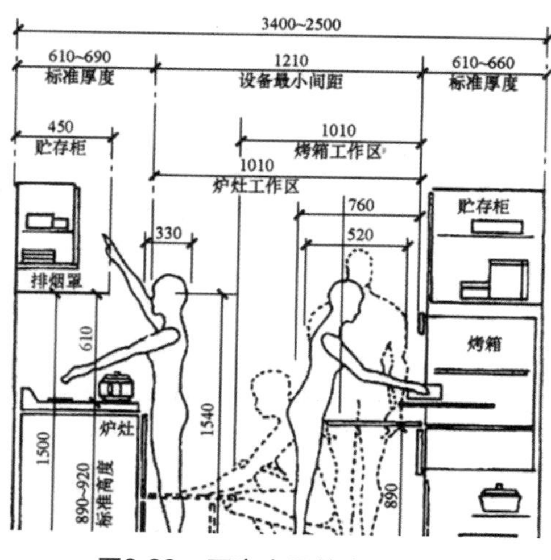

图3-28　厨房家具的常用尺寸

第三节　卧室的设计

一、卧室的概念

卧室又称卧房，是使用者最私密的空间，因此通常与客厅、餐厅等活动区域保持一定的距离，以避免相互之间的干扰，确保其安静性和隐蔽性。卧室的设计必须以安全、私密、便利、舒适、健康为基础，睡眠和更衣是其要达到的最基本的功能，由于每个人的生活习惯不同，卧室有时也会兼具读书、看报、看电视、上网、化妆、健身、喝茶、储藏等多种功能。

卧室按居住者身份不同，常分为主卧室、次卧室、子女房、老人房等，随着规模和档次的提高，相应增设佣人房、客人卧室等。其设计表现虽倾向不同，但设计处理上又有很多相似之处。

二、卧室的设计要点

大多数别墅设有 3 ～ 4 间卧室。例如，别墅是二层楼房，则卧室多设于二层。佣人房则宜设于底层，并与厨房靠近或连通。无论是否有佣人，在条件可能时，底层至少设一间卧室，既可作为客人卧室，也可供家中老人或其他成员上楼不方便时使用。

卧室平面布置中最有分量的是床，使用的频率也最多，因此平面布置是以床为中心进行展开。卧室中常用的床规格有 1800mm×2100mm、1500mm×2100mm、1200mm×2100mm 等，选择床的尺寸要大小合适，满足需要，又要和空间的比例协调。与床紧连的床头背景墙也是卧室设计中的重头戏，通过简洁的造型、丰富的色彩和质感，使床头背景墙错落有致并兼有一定的使用功能。卧室是最适合营造温馨浪漫气氛的场所，用色宜选用稳重的色调，以淡雅、宁静的暖色调为主，注意窗帘等软装色彩以丰富空间层次的同时，还要考虑与墙面、屋顶、地板的色彩协调统一。卧室的地面一般以具有保温性能的木地板、地毯为主。

1. 主卧室

除了客厅，别墅的档次主要还反映在主卧上。主卧室一般朝南，开阔敞亮。宜有低窗台大窗，以利于享受大视野的景观和充足的日照。卧室门不宜小于 1m 宽，且不宜直对卧床部位。主卧室一般应有独立的、设施完善的卫生间，一般包括坐式便池、洗脸台、淋浴器及浴盆四件基本设备。主卧室还应有衣橱或衣柜，有些还带步入式衣橱。在主卧室中设休闲区的目的是满足主人视听、阅读和思考等活动的需要，并配以相关的休闲座椅、贵妃椅、沙发、电视柜、书写桌等家具与设备。梳妆与更衣是卧室的另两个相关功能。组合式与嵌入式梳妆家具，既实用又节省空间，并增进整个卧室的统一感。更衣功能的处理，可在适宜位置上设立更衣区域，在面积允许的条件下，可于主卧室内单独设立步入式更衣柜，其中安置旋转衣架、照明和座位。主卧室还包括独用阳台和露台。别墅的户外休憩和晾晒衣物的场所很多，所以主卧室阳台的使用功能已淡化，如建筑外观造型需要可设小巧别致的观景阳台或花坛。如图 3-29 所示，为新湖 · 青蓝国际主卧设计，家具配饰体现出了现代感。

图3-29　新湖 · 青蓝国际的主卧设计

2. 老人房

老年人卧室与中青年卧室的区别是老年人随着年龄增加，活动能力减退，停留在此处的时间越来越长，有时甚至是他们全天使用的生活空间。要切实考虑老年人的心理和生理特点，做出特殊的布置。第一，由于老年人好静，因此必须做好隔音、吸声处理，避免外界的干扰，营造安静的环境。第二，房间朝向以朝南为佳，以保证接受充足的阳光。夜间要设置柔和的照明，解决老年人视力不佳、起夜较勤等问题，确保安全。第三，家具的棱角应圆润细腻，避免生硬。过高的橱、柜，低于膝部的大抽屉都不宜使用。床铺高度要适中，便于上下，但是也不应过低，应以老人活动时脊椎弯曲度最小为宜，不宜使用过于柔软的床垫。确保房间地面平整，不做门槛，减少磕碰、扭伤与摔伤的概率。门厅要留足空间，方便轮椅和担架进出或回旋。第四，在色彩的处理上，保持古朴、平和、沉着的基调，家具色彩多为深棕色、驼色、棕黄色、米黄色。老年人的家具设置需满足其起居方便的要求，居室布置格局应以他们的身体条件为依据，为他们创造一个健康、亲切、舒适而优雅的环境。如图 3-30 所示，为绍兴现代美式别墅老人房设计。

3. 子女房

子女房作为供孩子居住的房间，其布置绝不会也不可能一成不变。日渐长大的孩子需要一个灵活而舒适的空间。尺寸按比例缩小的家具、伸手可触的置物架和茶几所给予他们那种控制一切的感觉，对孩子们来说妙极了；大一些的孩子喜欢有个充分施展自己爱好和用来学习的地方，在这儿还可以招待朋友。

图3-30　绍兴现代美式别墅的老人房设计

儿童房的设计除考虑年龄、性别、性格、兴趣等个性因素和功能之外，还应特别注意如下几个方面。

第一，最重要的是安全性，门窗、电源插座、取暖设备，以及空调管道进出口的布置都应以此为原则，家具摆放要平稳牢固，尽量多用圆形或倒圆角的家具，不宜放置大面镜子、玻璃类的易碎品等，以防意外事故的发生。使用无污染的天然环保材料，地面要注意防滑和具有适当的弹性。

第二，留出适当的活动区域，因为孩子们生活在一个可触知的世界里，他们喜欢去抚摸、去抓取、去创造，由此来体会周围世界的本质。

第三，在自己的私人领地中，孩子们的收藏品让他们感到自豪，因此需设置搁物架展示他们的各种小物件，人性化的做法才能使孩子实现自我表现和发展。

第四，儿童卧室应采光通风良好，在安排睡眠区时，应赋予适度的色彩。

第五，读写区域是青少年房间的中心，书桌前的椅子最好能调节高度，以适应不同生长阶段中人体工程学方面的需要。除了读写活动之外，根据其不同性别和兴趣，突出表现他们的爱好和个性，如设立手工工作台、实验台以及女孩梳妆台等设施。如图 3-31 和图 3-32 所示，男孩房与女孩房呈现不同的设计特色。

图3-31　男孩房的软装设计

图3-32　女孩房的软装设计

4. 客人房

客人房面积在 $12m^2$ 以上，宜设在一楼，与客厅等公共活动空间安排在一起，形成动静的分区。

三、卧室的常用尺寸

（1）床的长度是人的身高加上枕头位，约 2100mm 左右。床的宽度一般有 1000mm、1200mm、1500mm、1800mm、2000mm，如图 3-33 所示。

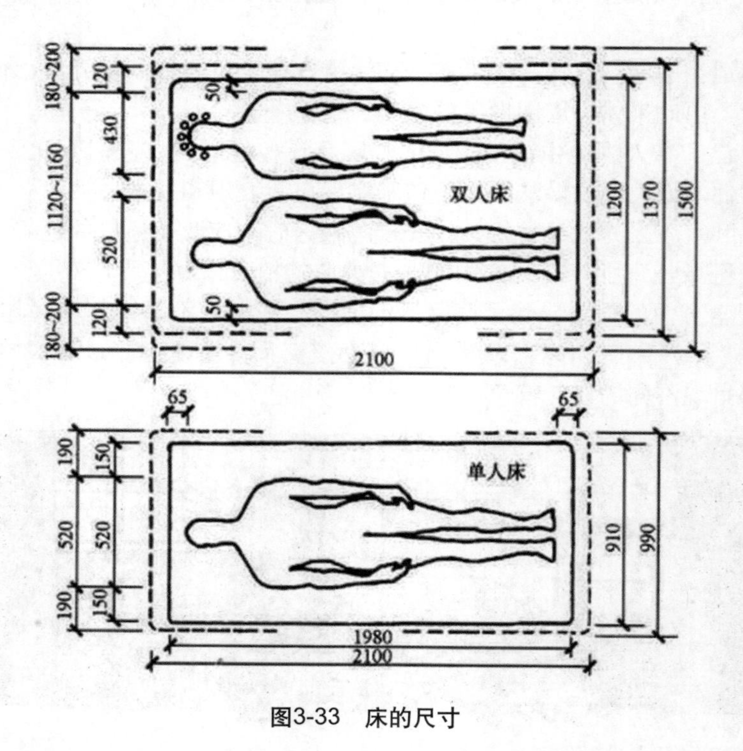

图3-33　床的尺寸

（2）床的高度，以被褥面计算，通常为 460mm，最高不超过 500mm，不然坐起来的时候会吊脚，给人带来不适，如图 3-34 所示。

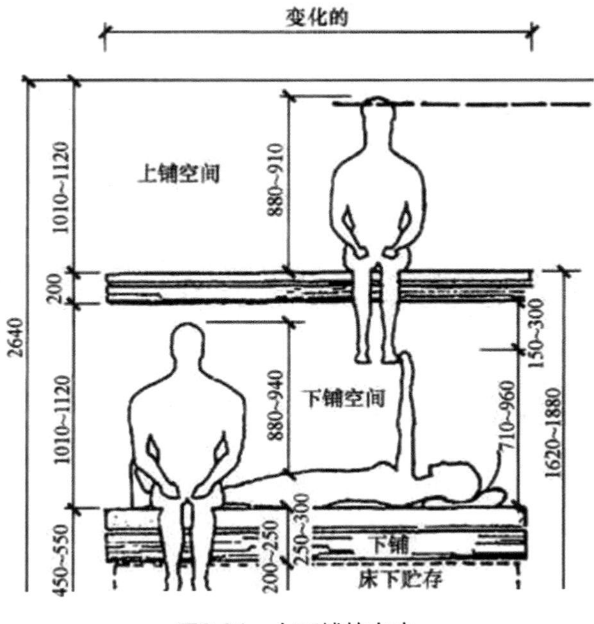

图3-34　上下铺的高度

第四节 浴室、卫生间的设计

一、浴室和卫生间的概念

浴室和卫生间因为大都位于一个空间，所以统称为卫浴间。卫浴间在居住空间中虽然不是很突出，但却有多样设备、多种功能，使用频率很高。一般来说，卫浴间常常是提供如厕、洗漱、沐浴、梳妆等需求的场所，有时还兼容洗衣、储物等功能。

二、卫生间的洁具设备

卫浴间的设计与空间基本尺寸和其中设备规格有关，此外还应考虑到人体活动必要尺寸和心理因素。整体卫浴间的出现、洗浴功能不断完善和卫浴要求的不断提高（如增加桑拿、汗蒸、视听等功能），更促进了面积的紧凑。

1. 浴缸

浴缸有三种形式。日式浴缸为深方形，有利于节省空间，入浴时需水深没肩，易于保暖，适于年老体弱者使用；西式浴缸形态为浅长形，可以平躺，如图 3-35 所示；转角式冲浪浴缸，利用电机和水泵形成若干个喷水口或气泡式按摩喷水口，令肌体充分放松。

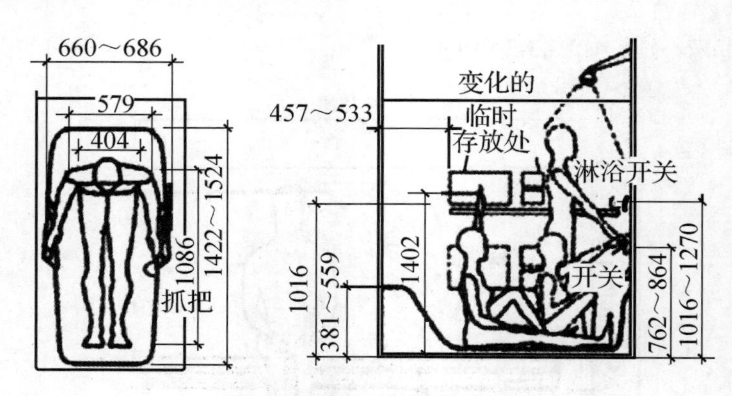

图3-35　西式浴缸的使用尺寸

2. 淋浴器

淋浴喷头亦称花洒，一般被安装在浴缸上方或淋浴室内的上方中心位置。淋浴喷头及冷热水开关的高度与人体高度及伸手操作等因素有关，固定的淋浴喷头高度是自盆底以上1.65m。考虑到站姿、坐姿、成人及儿童的高度差异，淋浴喷头应能上下调节，如图 3-36 所示。淋浴和盆浴共用的开关，要装在淋浴和盆浴时均能方便触及的高度。淋浴器总成是将冷热水开关与淋浴喷头和若干个气泡式按摩喷水口综合为一体，此设备常被装在喷淋屋内。

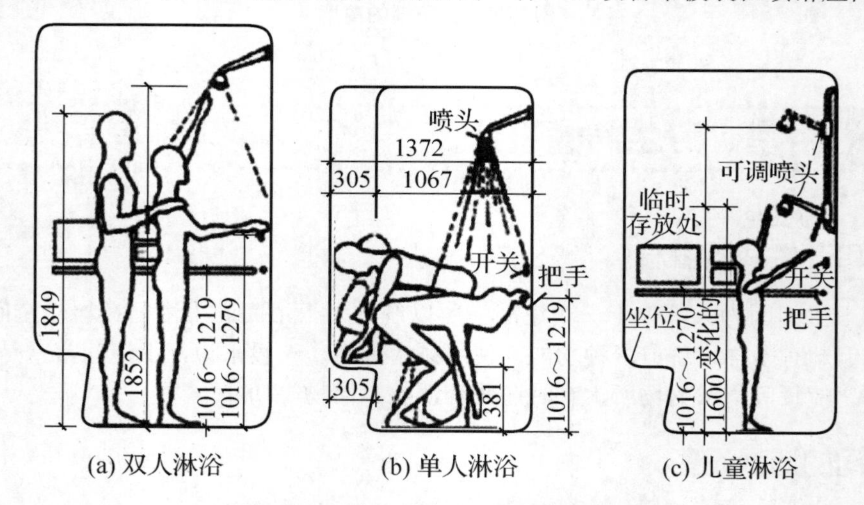

图3-36　双人、单人及儿童淋浴的尺寸

3. 坐便器

冲水坐便器高度为 350 ～ 390mm，按造型分为连体式、分体式和壁挂式。此外，手纸盒的位置应设于坐便器的前方或侧方，以伸手即能方便拿到为准，距后墙 800mm，距地面 700mm，如图 3-37 所示。

4. 洗面盆

化妆台与洗面盆的上沿高度在 850mm 左右；洗脸时所需动作空间为 820mm×550mm；人

与镜子的距离≥450mm；人与左右墙壁之间要有充足的空间，洗面盆中轴线至侧墙的距离≥375mm，如图3-38所示。洗面盆有五种形式，即：台上盆、台下盆、墙挂盆、碗盆和柱盆（长柱盆和半柱盆）。新型的洗面化妆设备，把水池和储藏柜结合起来，形成洗面化妆组合柜，柜体进深和高度确定后，面宽可以根据模数而变化。

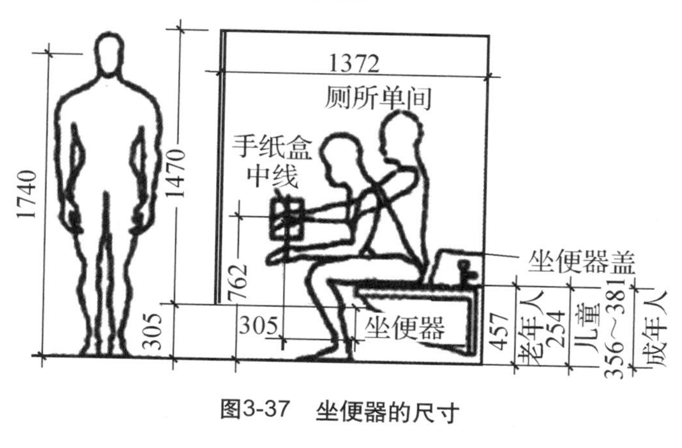

图3-37　坐便器的尺寸

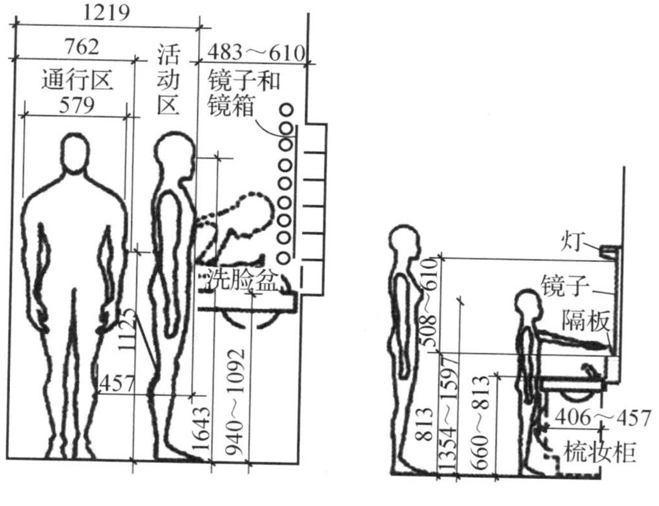

图3-38　大人及小孩洗脸盆的使用尺寸

5. 洗衣机和清洗池

空间布局时应充分考虑购买洗衣机的机型尺寸、设备的电源位置、给排水口位置及干湿分离所预留出的必要空间。清洗池也是很必要的设施，用以在使用洗衣机之前的局部搓洗、刷洗等。

6. 整体浴室

整体浴室是在卫浴间内以玻璃隔离出的淋浴功能区，高度为1.85m，有推拉门、平开门和弧形门等多种开启形式。喷淋屋常与淋浴盆形成组合，位于卫浴间的一角。根据面积和形状的不同，卫生间可以有多种组合形式，如图3-39所示。

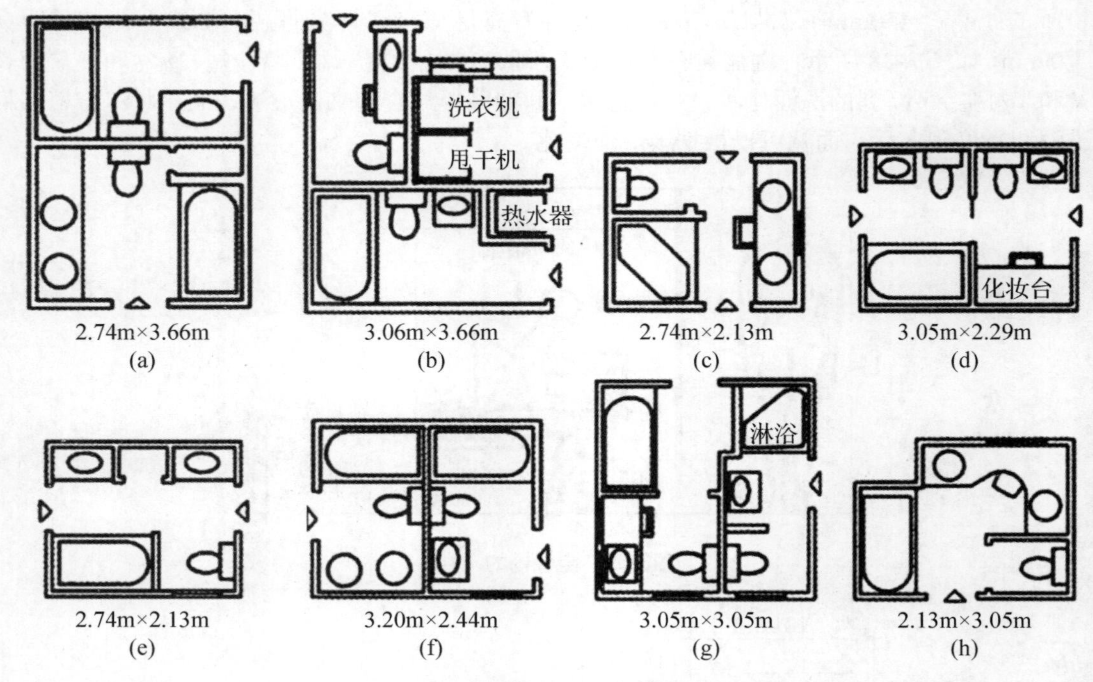

图3-39　不同形式的卫生间组合

三、浴室和卫生间的设计原则

卫浴间包括洗漱、沐浴、厕所等为满足生理需求而设置的空间。依据功能的不同可分为以下三种类型。

兼用型：集浴缸、洗面盆和坐便器三洁具为一室。其优点是节省空间、经济、管线布置简单；缺点是不适合多人同时使用，因面积有限，储藏空间较难处理。洗浴的潮湿，还会影响洗衣机的寿命。

独立型：因现代美容化妆功能的日益复杂化，洗脸化妆部分被从卫浴间分离。其优点是各室可以同时使用，而互不干扰，功能明确，使用方便；缺点是空间占用多，而且装修成本高。

折中型：兼顾上述两种类型的优点，在同一卫浴间内，干区和湿区各自独立。干区包括洗面盆和坐便器，湿区包括浴缸或喷淋屋，中间用玻璃隔断或浴帘分隔，如图3-40所示。

浴室应力求天然采光，可采用天窗采光，也可将浴室布置在可以看到外景的地方。底层的浴室窗户可开向私人的内院。主卧室的卫生间内往往设置化妆台，如图3-41所示，布置两个洗脸盆，夫妇可以同时使用。

两个或三个卧室可以使用一个卫生间，为了提高卫生间的使用效率，还可以将浴室、洗脸台和厕所分隔成三个空间，同时供三个人使用，如图3-42所示。客房应有独立的卫生间，其中有浴盆、洗脸台、坐便器三件设备。佣人房也应有独立的卫生间，一般设脸盆和坐便器两件设备，或者再加一个淋浴器。

图3-40　梁志天Yoo Residence别墅的卫浴间设计

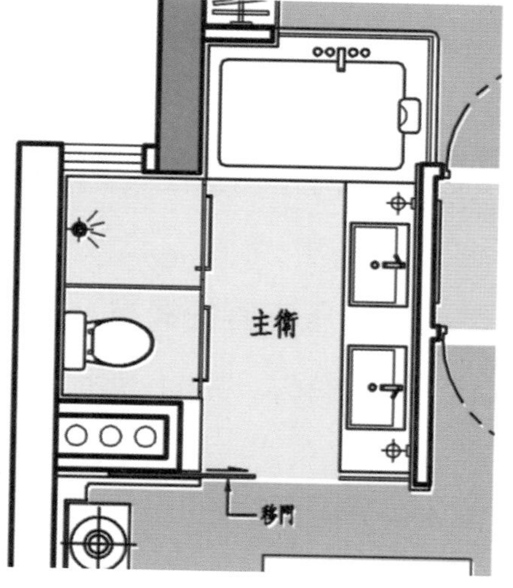

图3-41　深圳市鸿荣源壹方别墅的中心主卫设计

因卫浴间湿度较大，需要选用防水、不易发霉、不易污染、容易清洁的表面材料。墙面和地面材料用釉面砖更具优势。镜子应尽可能大一些，通过镜面反射，将心理空间扩大化。卫浴间整体色彩的选择应与洁具的色彩配合，或对比或协调，还需与整个居住空间相统一。洁具设备、五金配件多为纯净的白色、金属色。洗面盆与化妆台及储藏柜、镜前灯、多用插座等配套设施是厂家预制的单元组合，在现场装配很简单，而且样式丰富，可选范围很大。照明设计要求有若干光源以形成无影灯，同时避免眩光，照度≥ 300lx。可以通过艺术品、织物和绿化增加温暖惬意的环境氛围，使卫浴空间更具人性化。

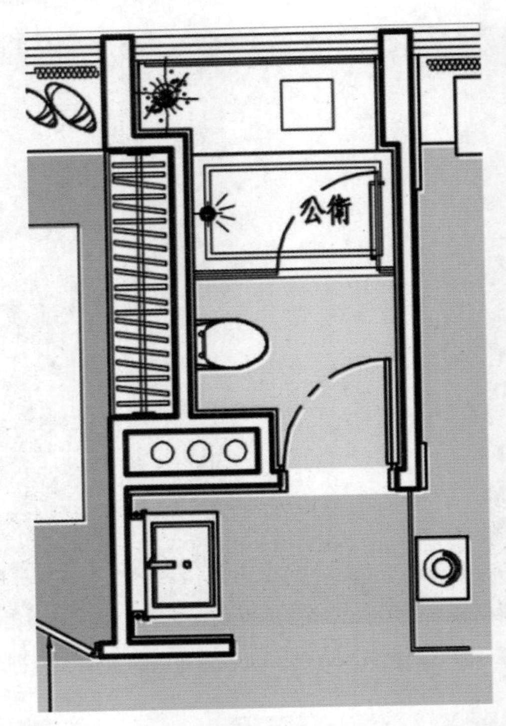

图3-42　深圳市鸿荣源壹方别墅的中心公卫设计

第五节　休闲、娱乐空间的设计

一、休闲、娱乐空间的概念

根据别墅的档次、规模、使用方式及业主的个人喜好等因素，别墅空间中休闲娱乐空间一般设置为书房、影音室、健身房等不同用途的房间。

二、休闲、娱乐空间的设计原则

书房是一个用来工作、学习、阅读与书写的场所，安静、幽雅的环境有助于提高专注力和工作成效。因此，书房多安置在靠近里面一侧，并采取适当的隔音、吸音措施，地面以木地板为上，双层密闭玻璃窗，厚质双层窗帘，除此之外，肌理感强的纹理和浓郁的绿化手段也有助于静雅空间的营造。书房的采光也要重点处理。如图3-43所示，书桌要放在阳光充足而又不直射的窗边，并以左侧进光为主，以获得更好的光照并避免眩光，还可以在休息时远眺室外的风景。书房中除天花光源外，还需在书桌前方设置亮度较高且不刺眼的灯做局部照明，并预留电插座，方便连接计算机、打印机、音响等设备。

图3-43 万科东海岸别墅的书房

书房的空间格局可分为开放式和闭合式两种。一般来说，住宅的整体空间面积较小时多会考虑开放式的格局，使其成为家庭成员共同使用的休息和阅读中心；如住宅空间面积足够，最好采用互不干扰、领域感较强的闭合空间形式。书房的空间布局形式还与使用者的职业有关，不同的工作方式和习惯决定了不同的布局形式。根据书房使用者的要求，空间划分大体包含了三个功能区域。

（1）具有书写、阅读、创作等功能的工作区，该区域以书桌、班台或工作台为核心，以工作的顺利开展为设计依据。

（2）具有书刊、资料、用具和收藏等物品存放功能的藏书区或储物区。这是最容易也最能够体现书房性质的组成部分，以书橱、陈列柜架为代表，如图 3-44 所示。

（3）具有接待、会客、交流、商讨等功能的交流区域，该区域因主人的需求不同而有所区别，同时也会受到书房空间面积的影响。这一区域通常是由客椅或沙发构成。

图3-44 新湖・青蓝国际的现代简约风格书房设计意向

家庭影院一般会设置在地下室，之所以选择地下室，是因为地下室的空间足够大，将其改造成影音室是一个非常不错的选择。因为地下室的光线较暗，所以对光的处理就比较简单；其次，地下室的隔音效果较好，可以不用考虑声学处理的步骤。在进行家庭影院装修设计时，地下室的顶部可以做一个弧形音障设计，这种设计不但更具视觉冲击，声学效果也会更加明显。此外，在对地下室做家庭影院装修设计时，还可以设计倾斜的墙面，这样可以改变声音由墙面反射后的传播方向，装修完成后，地下室的各个角落也显得很美观。如图 3-45 所示，是新中式别墅地下二层影音室，整体色调搭配营造出很强的视觉冲击。

图3-45　新中式别墅地下二层影音室的色彩分析

别墅中一般会增设健身房，健身房需要足够的空间，对于位置的选择可以考虑将健身房设计在阳光房，这里的采光和通风效果都不错，适合人们锻炼身体，内设慢跑、自行车 (原地)、划船 (原地) 等各类基础的健身器材。另外，家里有地下室的话（如图 3-46 所示的滨海御庭别墅负一层），可增设书画室、茶室、酒吧区和儿童活动区，有利于丰富娱乐活动内容。

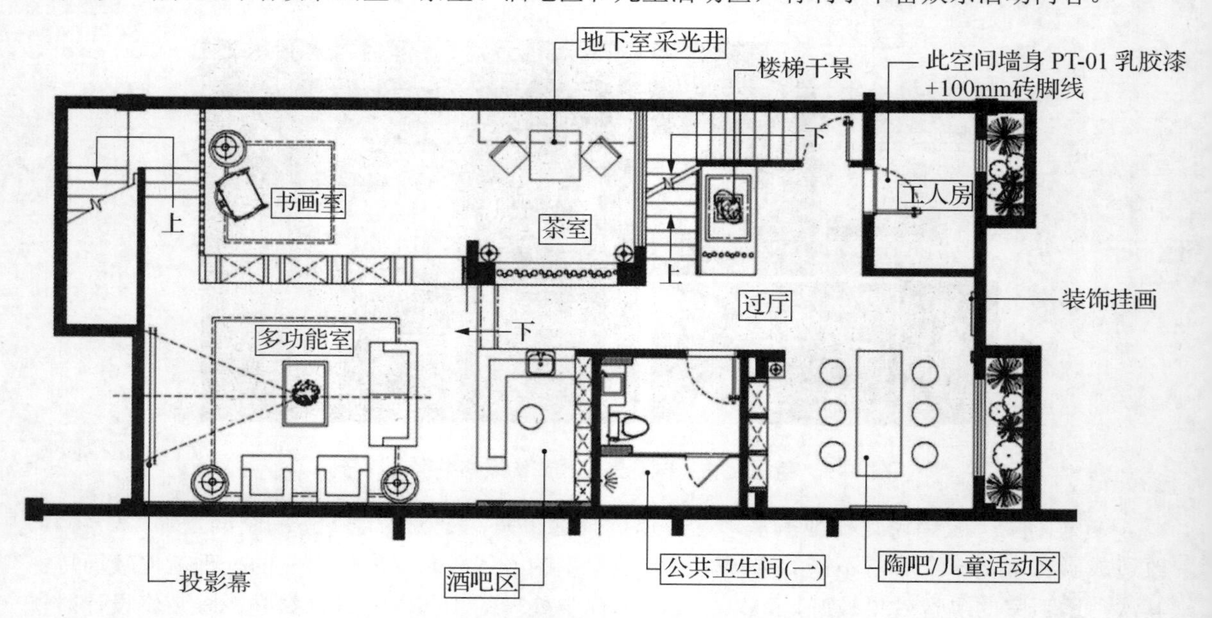

图3-46　滨海御庭别墅的负一层平面图

第六节 储藏空间的设计

一、储藏空间的概念

时光荏苒，四季更替，一些在家庭中虽然有用但却较少使用的物品，如生活用品、衣物、被褥、旧的器物等会被堆积起来，有碍观瞻且给生活带来不便，储藏空间就是解决这个问题的有效方法。提到储藏，人们最先想到的便是储藏室——专门收纳日常杂物的小型房间，但是储藏空间却不仅限于储藏室，我们这里所说的储藏空间是指能够储物的所有空间。

二、储藏空间的设计要点

储藏空间可分为储藏室、壁橱及具有储藏功能的家具。挖掘别墅空间的储藏潜力，充分利用一切空间的死角、闲置部分，做出尽可能多的储藏空间，是别墅空间设计的目标。

设计储物空间时应在如下几方面认真分析、推敲，才能使其全面、合理、细致。首先，储存的地点和位置直接关系到储物的使用是否便利，空间使用效率是否高。例如，书籍的储存地点宜靠近经常阅读活动的沙发、床头、写字台，使人方便拿取；化妆、清洁用具的储存地点应靠近洗手间台面、梳妆台面，以便使用者能在洗脸和梳妆时方便拿到；而调味品的储存地点则宜靠近灶台及进行备餐活动的区域；衣物的储存应靠近卧室（见图 3-47）。

图3-47　山东济南百合花园的主卧衣帽间设计

尽量选择有较好收纳功能的家具，充分利用家具内腔把客厅常用物品收纳其中；餐厅的餐边柜是储藏的重要空间，可以适当考虑其展示功能，把精美餐具展示出来。还有一些空间中容易被忽视的边角、被家具占用而浪费的空间（如床底、门的背部、楼梯下方）等，也都是可以形成丰富储藏空间的场所，如图 3-48 所示。

别墅具备充裕的储藏空间也是体现舒适生活的一个方面。利用坡顶屋面和楼梯下方空间，以及进深较大的房屋中部空间，可设置进入式储藏室。进入式储藏室比一般壁橱储存量大且取存方便，面积控制为 3 ～ $6m^2$。

图3-48　楼梯下方的储物空间

第七节　阳台空间的设计

一、阳台的概念

阳台是建筑物室内的延伸，是居住者呼吸新鲜空气、晾晒衣物、摆放盆栽的场所，其设计需要兼顾实用与美观的原则。阳台一般有悬挑式、嵌入式、转角式三类。阳台不仅可以使居住者接受光照、吸收新鲜空气、进行户外锻炼、观赏、纳凉、晾晒衣物，如果布置得好，还可以变成宜人的小花园，使人足不出户也能欣赏到大自然中最可爱的色彩，呼吸到清新且带着花香的空气。随着人们生活品质的提高，用来洗衣和储藏的传统阳台已发展成为集聚观花赏景、体育锻炼、纳凉游乐的综合性休闲空间。

二、阳台的设计要点

阳台设计，如图 3-49 所示，应综合考虑采光、通风、隔尘、保洁、防水、防滑和安全。地面尽量选用防腐木地板、花岗岩、地砖等防水、耐污的材料；地面坡度流向排水口；门窗的密封性和稳固性要好；阳台吊顶避免过低，以免有压抑感，影响光照。

按照阳台的功用，一般分为服务功能阳台和休闲功能阳台。作为服务功能的阳台，如图 3-50 所示，应依据家务活动的类型、家庭生活习惯与居室的平面布局条件进行设计，考虑相关设备使用所需要的电源、管线的布置及储存物品的尺寸，避免杂乱无章，影响整个空间的视觉感官效果。休闲功能性质的阳台，如图 3-51 所示，可以根据主人的兴趣和爱好进行精心布局，使其成为整体区域空间中难得的娴静空间和亮点。例如，利用植物本身的生态特征来调节室内的温湿度、净化空气、吸音降噪，配以休闲沙发或座椅，亦可理水置石，听琴、品茗、观花、赏月，使其成为最具有情趣和品位的休憩空间。

图3-49 阳台的布置

图3-50 服务功能阳台

图3-51 休闲功能阳台

第八节 车库的设计

一、车库的概念

汽车是户主必备之物。在我国多数以一个车位为宜，高档的别墅则应考虑两个车位。车库设置的方式多种多样，须视地段的情况而定：一种是分离式，在院子的一个角落或入口处设一个单独的车库；另一种是与主体建筑在一起，或置于建筑的底层，或作为一侧的披屋；此外还有露天、半露天停车场。

二、车库的设计要点

一般来说，车库都是设计在南面的，因为大门基本是朝南的居多，所以在大门前面路面做得比较好，这样就方便车子的进出和停放了。由于车库的存在，必然会影响到南面的外观，所以在房屋设计图中就要考虑如何把车库融入整个别墅中去。如果车库设计在南面的话，其位置最好在西南面为宜，因为风水上以东边为大，所以东面一般设计成客厅或者堂屋。在格局上来说，长方形格局更能节约车库成本，经济实惠。带有尖角的车库不仅浪费空间，也不利于车子进出。

车库一般不是独立设计的，在一层的房屋设计图里，车库里面会设计一个门直通堂屋或者客厅等室内空间，否则如果是独立的话，停好了车还要从室外绕，遇到下雨天，体验就比较差了。我们要做的就是让车库与整个别墅结合起来，如图 3-52 所示。

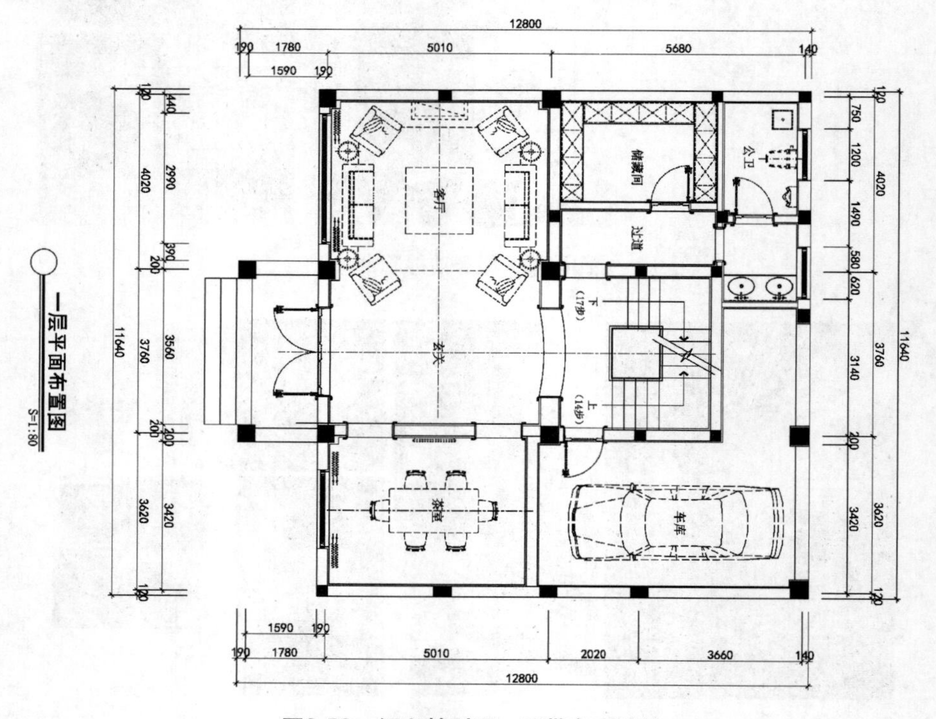

图3-52　绍兴某别墅一层带车库设计

车库的位置和车库门开口方向应该统筹考虑别墅庭院的人流和车流的动线。车库的形状必须是矩形，并可以包容一个 3m×6m 的车位。我国在实际中采用的单车位车库的轴线尺寸为：开间 3.3 ～ 3.6m，进深 5.5 ～ 6m。一般来说，宜取高限而不取低限。因为凡是买得起别墅的人，其汽车尺寸都不会太小。车库还可作为简易的工人间或储藏空间，如堆放一些物品或剪草机等，如图 3-53 所示。

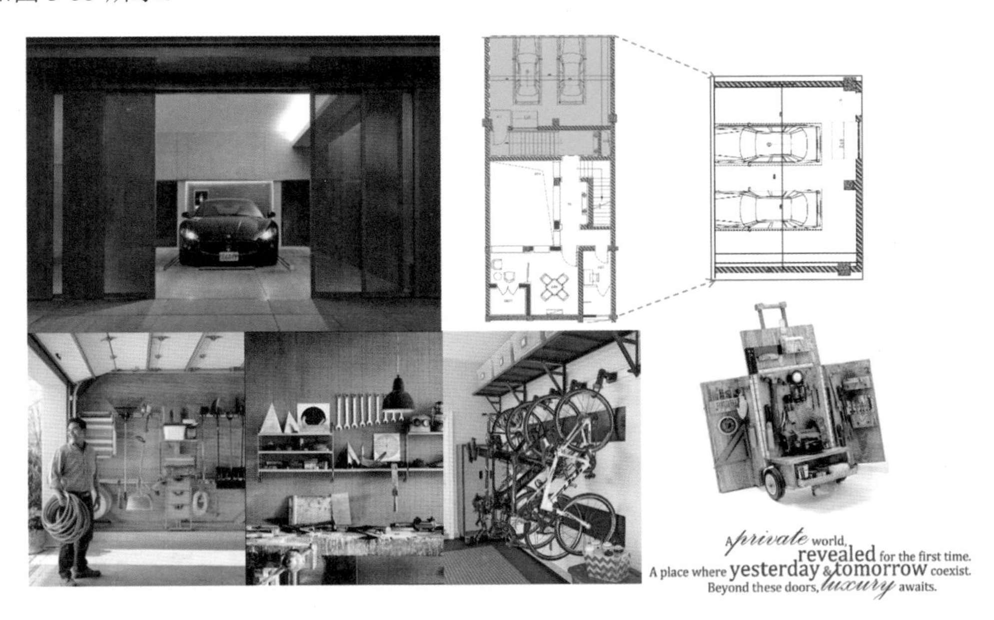

图3-53　新中式别墅的车库意向

复习与思考题

1. 通过案例阐述别墅空间内部设计特点。
2. 别墅具有哪些功能空间？
3. 业主个人喜好对空间设计有哪方面的影响？
4. 卫生间铺装设计中应注意哪些问题？试举例说明你熟悉的铺装材料及其特性。

实训课堂

个性的空间——艺术之家设计任务书

1. 业主背景

A. 男女主人之一为艺术家(画家、雕塑家、建筑师、诗人等均可)，需要建造一处带有独立工作室的住宅，作为生活、创作、展示作品、结交朋友的场所和灵感的发源地。

B. 男女主人为企业高级白领，工作繁忙，两人志同道合，用业余时间搞艺术创作。家是他们缓解精神紧张、消除疲劳的“港湾”，也是他们业余从事艺术创作的“摇篮”。

C. 主人已经从重要岗位上退休，告别了忙碌和竞争，进入“老年如诗”的阶段。子女独立成人，不经常回家居住。主人晚年醉心于艺术创作，家是他们享受生活和从事创作的乐园。

D. 主人和父母生活在一起，为自己设计一处别墅住宅，其中包括建筑师工作室。

2. 设计内容

在给定的地形内布置一座艺术家工作室和一栋别墅住宅。住宅主要满足主人生活的需要，同时兼顾艺术创作的需求；而艺术家工作室主要满足主人艺术创作、收藏、展示及交流的功能需要。艺术家工作室建筑面积控制在100～150m^2(单层)，住宅建筑面积控制在250～300m^2(2～3层)。

3. 设计要求

A. 基地要求有集中的室外休闲活动场所，合理布置出入口和内部庭院的流线，室外停车位不少于2个。

B. 艺术家工作室为单层建筑，总建筑面积100～150m^2。房间的功能组成包括创作室、接待室、收藏及陈列室、休息室、储藏室、卫生间、门厅及走廊等。可根据使用功能的特性，灵活掌握各部分面积的比例关系，也可以在得到指导老师同意后，适当增加一些功能。

C. 别墅住宅为二层建筑，局部可以三层，总建筑面积250～300m^2。房间的功能组成包括门厅、起居室、厨房、餐厅、卫生间(不少于两个)、主卧室、次卧室、书房、储藏空间、车库，可根据对业主需求的分析增加房间数量和类型，各空间面积由设计师确定。

4. 成果要求

A. 成果及表现形式。

① 第一次成果为总平面图和艺术家工作室设计图，要求徒手草图表现，铅笔、墨线笔、马克笔均可。

② 第二次成果为正式图纸，表现方法不限。

B.图纸内容。

① 总平面图（比例自定），需对室外环境作详细设计，如道路、绿化、停车位、小品等。

② 各层平面图(需布置家具，首层平面图带部分环境)，立面图至少2个，剖面图至少1个，比例均为1：100。

③ 效果图8张，室内5～6张，室外2～3张。

④ 功能分析图、室内外交通分析图。

5. 方案基地要求

方案基地要求如图3-54所示。

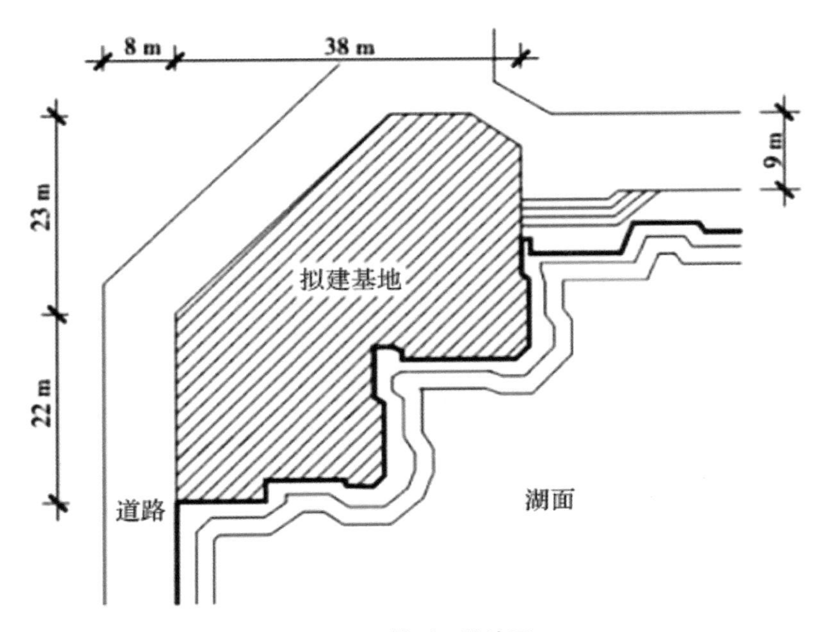

图3-54　某别墅基地图

第四章

别墅庭院设计

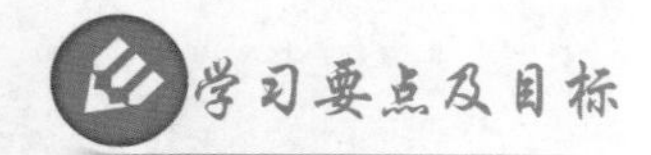

要求学生对别墅庭院的基本概念、范畴有全面的了解和认知，了解别墅设计的前期工作和总体设计流程，掌握庭院设计形式法则，并最终能够合理利用设计原则进行方案设计。

本章导读

别墅庭院可以理解为建筑物前后左右或被建筑物包围的场地，如图4-1所示，规划内容包括：花圃、花坛、水系、道路以及雕塑小品等，是一种内向的空间，反映了我国特有的空间意识。把庭院空间看作是别墅空间的一部分，是建筑功能空间的外在延伸。

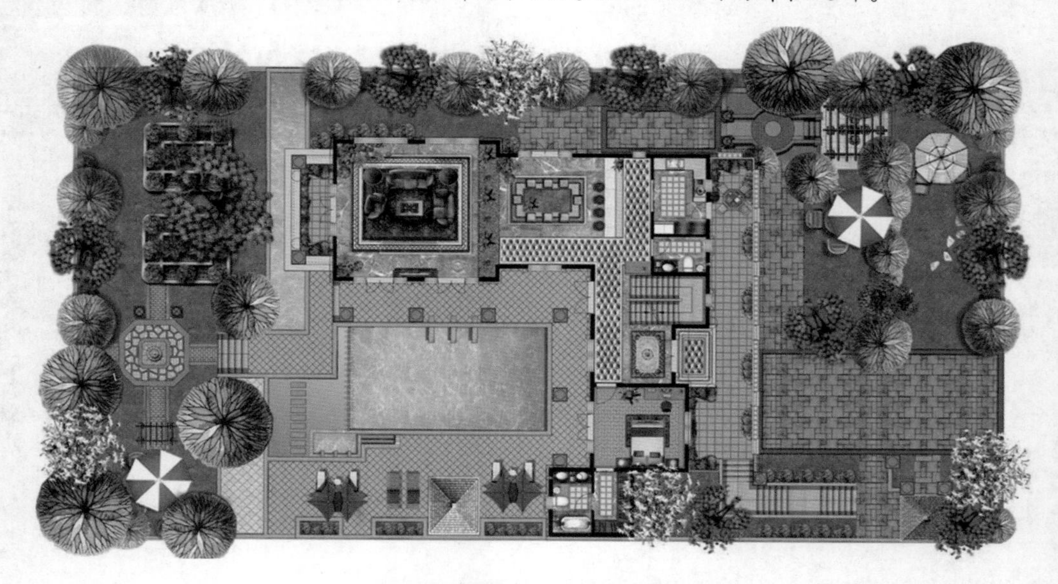

图4-1　某别墅庭院的设计方案

第一节　设计概述

一、别墅庭院的组成

别墅建筑通常布置在基地的中部，在基地周围形成前院、中庭和后院，如图 4-2 所示。

1. 前院

前院一般是别墅对外的公共空间。大多数别墅用地的前院有两个基本功能：一是形成别墅庭院景观的前奏，以便从小区道路来欣赏别墅建筑；二是到达别墅建筑入口的一个公共区域，它是别墅主人以及亲戚、朋友和其他拜访者进入别墅的重要通道。

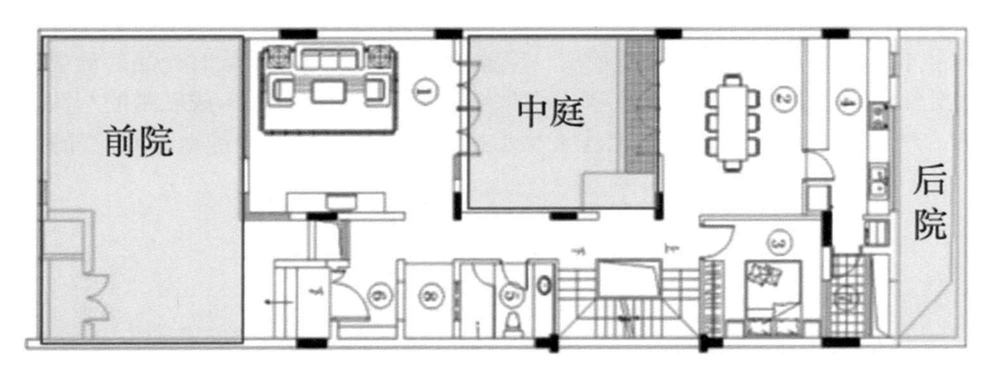

图4-2 别墅庭院的位置关系

2. 中庭

中庭，这里一般组织交通，起到连接前院和后院的作用，一般面积不大。

3. 后院

后院具有一定的私密性，是别墅庭院景观的核心空间，也是变化最多的地方。后院的功能是容纳多种活动的场所，通常包括接待客人、娱乐活动、读书写作，实用的活动如修理活动与制作活动等。

当然，以上是针对坐北朝南的典型地面别墅庭院而言，在户型多样化的今天，并不能够一概而论，但通过这个介绍可以对一般别墅庭院建立大概的一个场景，对于具体地块还要具体分析。

二、别墅庭院的风格

1. 中式庭院

中式庭的院特点为浑然天成，幽远空灵，以黑、白、灰为主色调。中式庭院设计理念：构图上以曲线为主，讲究曲径通幽，忌讳一览无余，讲究风水的“聚气”。

中国传统园林“崇尚自然，师法自然”，讲求“虽由人作，宛自天开”的意境。在有限的空间范围内利用自然条件，模拟大自然中的美景，把建筑、山水、植物有机地融合为一体。此外造园中还采用“以小见大”的手法，采用障景、借景、仰视、延长和增加园路起伏等方法，利用大小、高低、曲直、虚实等对比达到扩大空间感的目的。充满象征意味的山水是中式庭院最重要的组成元素。建筑以木质的亭、台、廊、榭为主，月洞门、花格窗式的黛瓦粉墙起到或阻隔或引导或分割视线和游径的作用。假山、流水、翠竹、桃树、梨树、太阳花、美人蕉等是必备元素。

庭院植物有着明确的寓意和严格的位置。如屋后栽竹，厅前植桂，花坛种牡丹、芍药，阶前梧桐，转角芭蕉，坡地白皮松，水池栽荷花，点景用竹子、石笋，小品用石桌椅、观赏石等。

图 4-3 所示为一私家庭院规划方案。以“新中式”风格为本庭院的主基调。前院设置静水点景，规整的嵌草汀步与后院的休闲区自然衔接，远处鱼池和假山跌水与其相呼应，延续了前院的静水，形成富有动感的视觉感受。亲水平台的设置更是闲暇时光品茗静思、观水赏景的好去处。沿着木栈道步入休闲凉亭，草坪一隅配以植物造景，形成私密的空间。开阔的草坪令人心情愉悦。在空间的营造上注重移步换景，在景中让人静静地思考，“静”享花园生活。

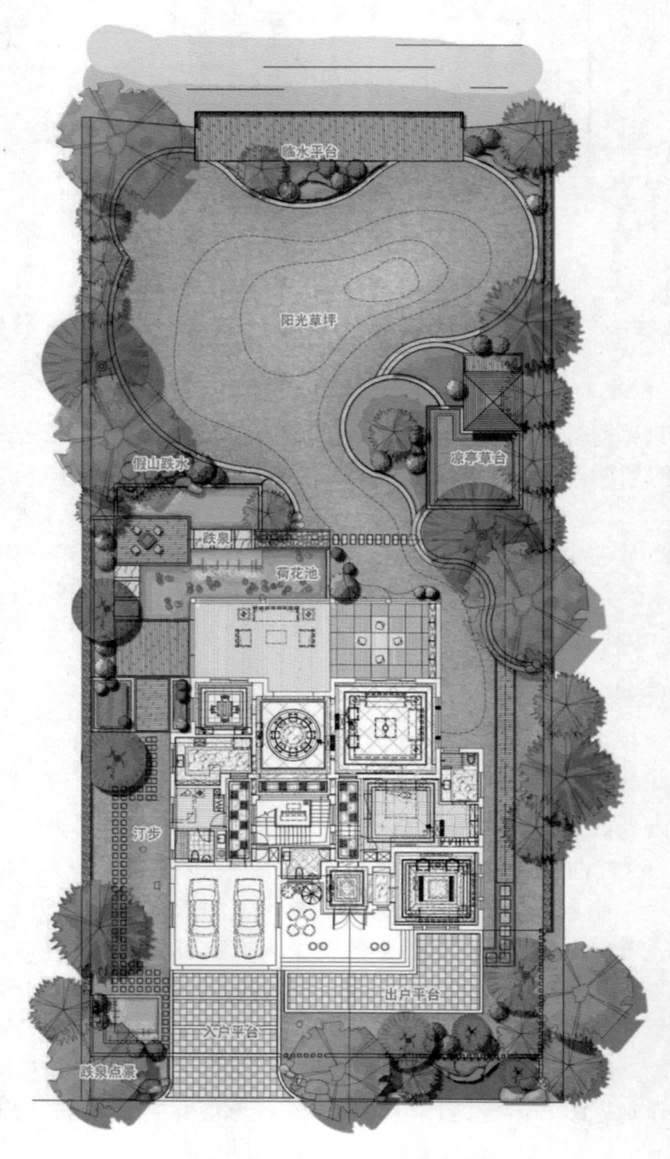

图4-3　新中式别墅的庭院设计

2. 日式庭院

日式庭院的特点：简练而精于细节，禅宗意境。日式庭院可以说是中式庭院一个精巧的微缩版本，细节上的处理是日式庭院最精彩的地方。日式庭院文化中体现的是空间、幻象对自然要素的极力控制。这种手法常常能在小空间中取得很好的效果，与现代建筑或者极简主义建筑也能结合得很好。

现代日式庭院设计中大多是吸收禅宗充分苦思冥想的枯山水，这种设计所包含的一个基本思想就是象征自然——在一个土丘上面堆几块大岩石就象征一座山；几棵小树就代表着一片树林；在空旷的砾石堆里开辟一条弯弯曲曲的不规则石径则象征着艰难的人生之路等。

日式庭院总体设计遵循着不对称的原则，而整体风格则是宁静、简朴，甚至是节俭的。运用透视增大庭院的空间感和创建半明暗的景观来加强美的效果和神秘色彩，以及利用宁静的水景来映衬树木的倒影。设计元素包括碎石、残木、青苔、石灯笼、洗手钵等，如图 4-4 所示。

图4-4　名人世家日式别墅的庭院设计

3. 英式庭院

英国的风景式庭院采用的是典型自然式布局，模仿纯天然景观的野趣美，以自然式地形、水体、园路和植物来组织庭院，体现出浓郁的自然情趣。

英式庭院追求自然，渴望一尘不染，没有浮夸的雕饰，没有修葺整齐的苗圃与花木，园艺师的巧妙布置使花园如同大自然浑然天成的杰作。庭院一般铺设草坪，设置小凉亭、带有尖头的白色栅篱或白色格子墙。以天然石材为主，形成自然美感的园路。英式庭院中多会建造一些装饰物，如雕塑、自然喷泉水景、原木坐凳、日晷、供小鸟戏水的柱盆、花盆、石钵等。

图 4-5 所示为一私家庭院规划方案。以英式自然风格为本庭院的主基调。前院设置入户喷泉和假山跌水以形成玄关性景观，满足不同区域的视觉需求，休憩平台是喝茶赏景的绝佳之地。建筑周围环绕花草树木，车库正对的是木柱组成的攀爬架，花蔓类植物攀爬其上，巧妙地弱化了设备房的突兀之感，增强了柔和的观赏性。随着曲线优美的园艺步道走入后院，

视线立马被眼前的美景吸引，曼妙的阳光透过树叶斑斑驳驳地洒在翠绿的草地，带给人大自然的感觉。园艺步道巧妙地连接着临水平台，运用简洁流畅的线条巧妙地开辟出一块可供休闲的功能性区域，让人静享风生水起，优美的林灌线随时光的变迁赋予花园更多的美丽与惊喜。

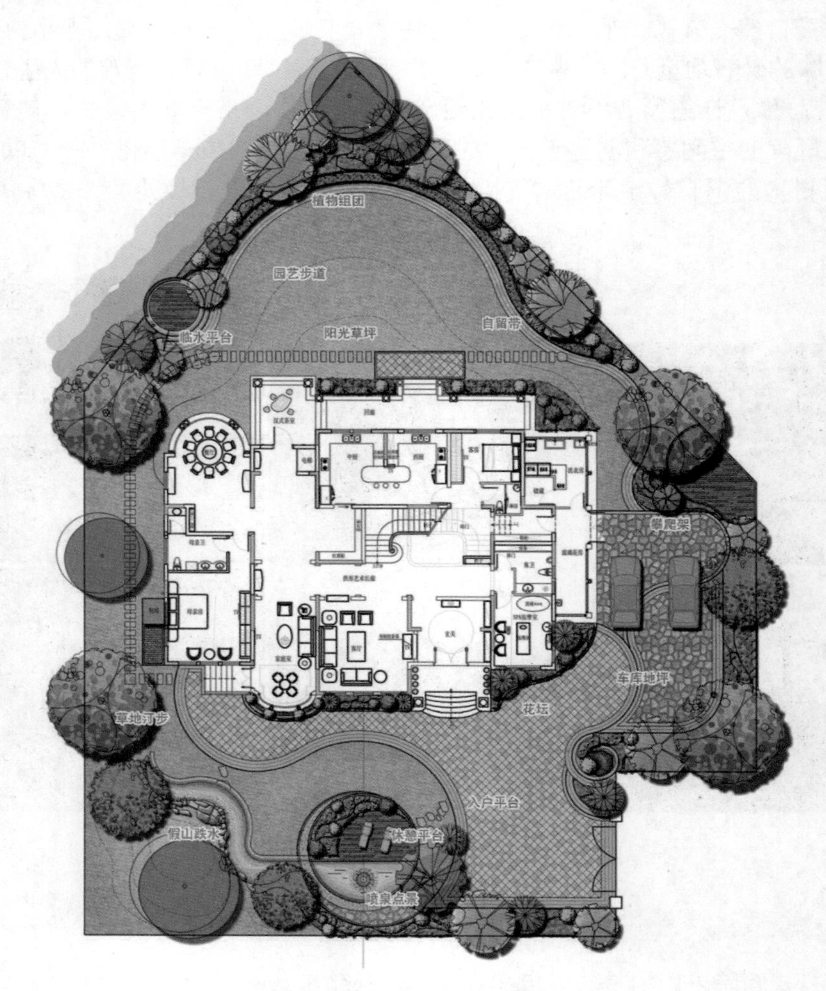

图4-5 紫苑英式别墅的庭院设计

4. 美式庭院

美式庭院就像天然的图画，自然、优雅、含蓄。美国人对自然的理解是自由活泼的，表达现状的自然景观会是其景观设计的一部分，自然、热烈而充满活力，常会有一大片的水面和巨大的瀑布，流水层层跌落，自由地折过一个平台，流入下面深潭，漂流至更远的一块水面中。美式庭院必备元素为：躺椅、秋千、烧烤架、草坪、鲜花、雪松、水杉、梧桐、柳树以及一些灌木植物。

图 4-6 所示为一私家庭院规划方案，以美式田园风格为本庭院的主基调。前院设置圆形铺装和花坛点景以形成门庭式景观，满足入户区域的视觉需求，将原有停车坪位置保留，满

足停车空间等功能性需求。汀步与园路是连接前后院各个功能区域的桥梁，点景与各个功能区域相互穿插，既满足人的视觉审美，又不失功能性。假山跌泉与深浅水池以优美的弧线相结合，出户平台力求营造出纯净的美感，圆形的浅浅的静水营造出镜面般迷人的效果，充满着灵气，简约而大气，让这个区域富有很强的观赏性。从出户平台延伸出木质平桥到达特色凉亭，让人在此度过惬意舒适的美好时光。假山跌水，流水淙淙，生机勃勃，一座轻盈美丽的私家花园由此而生。

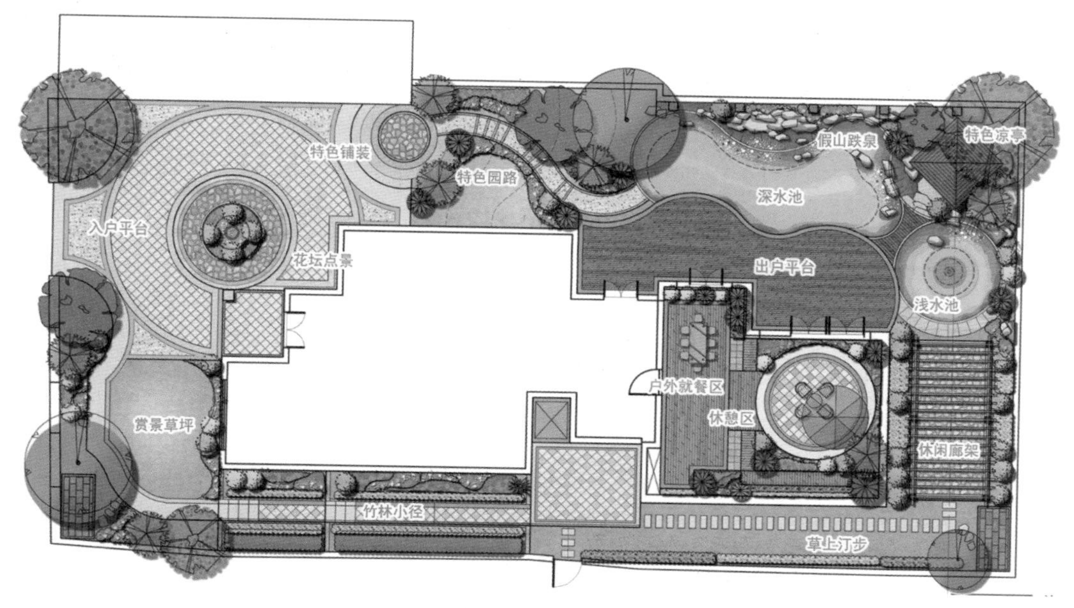

图4-6　美式别墅的庭院设计

5. 法式庭院

法式庭院的特点是规整对称、华贵。在设计理念上，法国园林受到意大利规整式台地造园艺术的影响，也出现了台地式园林布局，剪树植坛，建有果盘式的喷泉。法国地势平坦，在园林布局的规模上显得更为宏大和华丽。法式园林设计的主要手法是：在花园中，中央主轴线控制整体，辅之以几条次要轴线，外加几条横向轴线，所有这些轴线与大小路径组成了严谨的集合格网，主次分明。轴线与路径的交叉点，多安排喷泉、雕像、园林小品作为装饰。这样做，既能突出布局的几何性，又可以产生丰富的节奏感，从而营造出多变的景观效果。在理水方面，主要采用石块砌成形状规整的水池或沟渠，设置大量精美的喷泉。必备元素：水池、喷泉、花坛、雕像。

图 4-7 所示为一私家花园设计方案，以法式风格为设计主基调。以户外就餐区、假山跌水和木藤架为中心，两侧以菱形自留地与植物相结合，从布局上突出轴线的对称。木藤架不仅利于葡萄的攀爬和生长，又可以作为假山流水的背景。在充满花果之香和淙淙水声的地方就餐，全方位满足业主的味觉、视觉、嗅觉和听觉，令人向往。自留地可以种植不同的蔬菜和瓜果，打造自然的空间层次，结合花卉和树木，既有田园风味又不失浪漫清新，独特的法式风情应运而生。

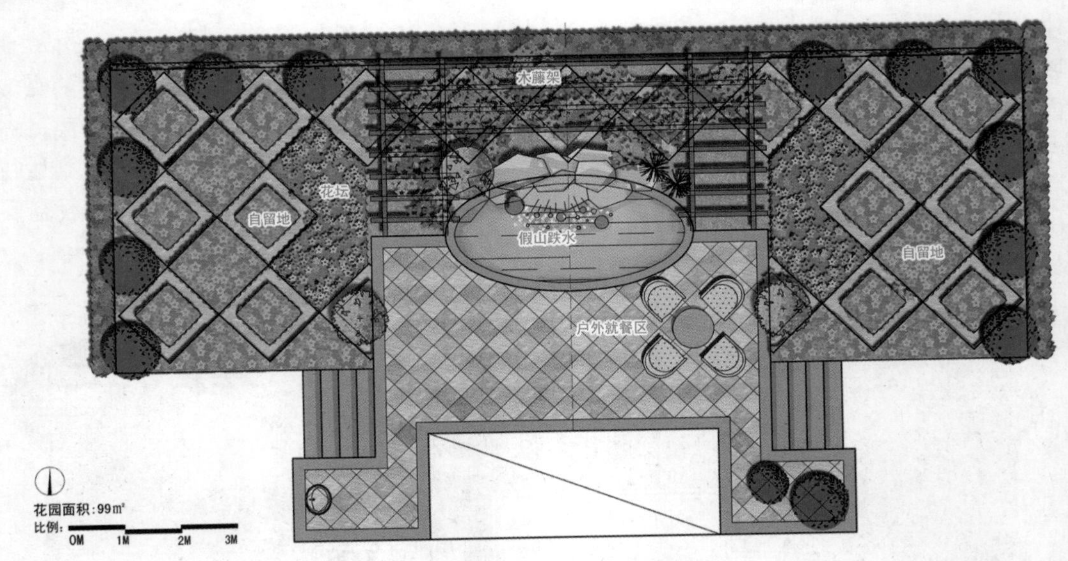

图4-7　颐亭花园法式别墅的庭院设计

6. 东南亚式庭院

东南亚式庭院追求自然风情，给人以随性、热情奔放的感觉，让人无负担地随性坐卧，舒缓紧张的情绪，抛开纷纷扰扰的俗世，遗忘身边繁杂的琐事。在能源上面也比较节约，关注遮阳、通风、采光等，并且注重对日光和雨水的再利用，所以外观一般比较通透和清爽。具有象征意义的雕塑、大面积的游泳池、色彩热烈的热带植物等每一个细节都给人带来无限的激情。

色彩上面偏爱自然的原木色，大多为褐色等深色系，在视觉感受上有泥土的质朴，加上布艺的点缀搭配，非但不会显得单调，反而会使气氛相当活跃。适用材料为藤、麻等原始纹理材料，在布艺色调的选择上，多为暖黄色和深咖啡色，沉稳中透着点贵气。

绿色植物也是突现热带风情的关键，尤其以热带大型的棕榈树和攀藤植物效果最佳。

庭院特点：质朴神秘，热带风光。庭院设计理念：利用材料的粗线条勾勒出原始的质朴，多层次、多品种栽种的热带植物生长繁茂，热烈、饱和的色彩点缀其中东南亚庭院的主要设计元素为热带植物、清凉藤椅、精致雕塑、妩媚纱幔等，如图 4-8 所示。

7. 现代庭院

现代主义风格庭院中的构筑物形式简约，材料都是经过精心选择的高品质材料。抽象雕塑品、艺术花盆等是这类庭院的主要装饰元素；躺椅、秋千和烧烤架赋予了庭院休闲的生活气息。同时庭院中也会运用一些天然的元素，如石块、鹅卵石、木板和竹子等。

图 4-9 所示为一私家庭院规划方案，以简约中式风格为本庭院的主基调。前院设置溪水跌泉与喷泉点景以形成门庭式景观，满足入户区域的视觉需求；跌泉的设计是水景的延续，使水景自然地融入花园之中。紧邻水景的是户外就餐区，使宾主同时拥有味觉和视觉上的双重享受。汀步是连接前后院各个功能区域的桥梁，点景与各个功能区域相互穿插，既满足人的视觉审美，又不失功能性。户外茶台由木质平台打造，坐在松软的坐垫上享受着阳光和茶水，

营造出温馨舒适的氛围。赏景草坪豁然打开人的视野，一开一合使花园空间从层次上更加丰富；特色景石墙则给赏景草坪区增加了细节，使花园空间从内容上更加精致。沿着园路走到休憩藤架呼吸一下新鲜空气，绿色的藤上开满小花，让这个区域富有很强的观赏性；周围植物组成一个半围合的私密空间，身处其中，赏景草坪使视野更加开阔。

图4-8　上海西郊庄园别墅的庭院设计

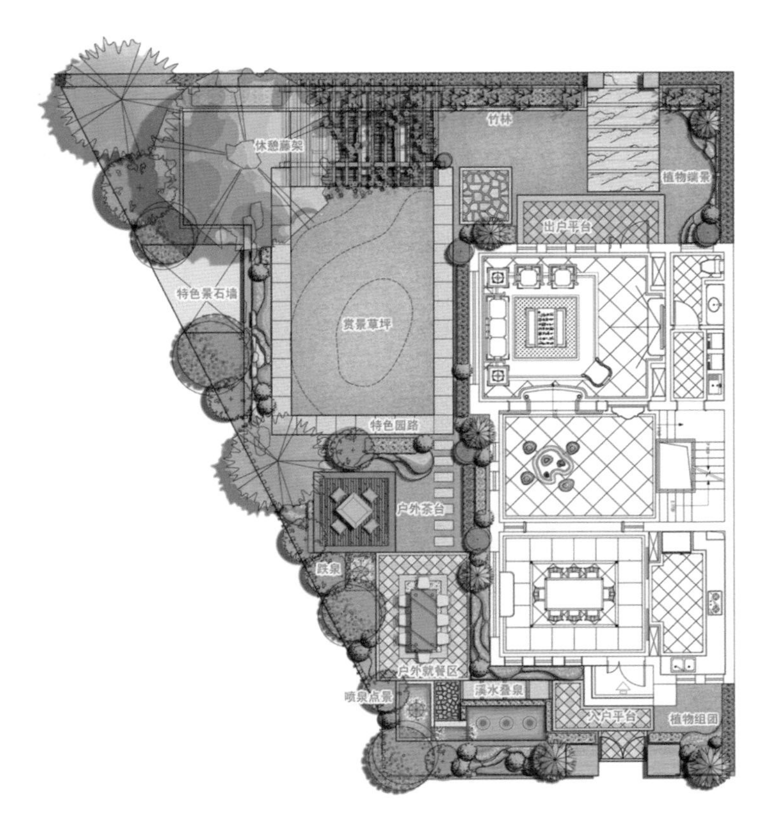

图4-9　嘉宝紫堤湾56号花园别墅庭院设计

三、别墅庭院的特点

1. 个性化

建筑师需要创造出个性化的别墅空间，同时也是创造一种全新的生活方式和生活态度。这种个性化不是风格决定的，而是具体到某一别墅、某一庭院，不同的业主家庭成员构成不一样，每个家庭的需求也不一样，个性化的要求必然越来越多，所以个性化是别墅庭院设计的必然要求。设计要有明晰的整体风格，是选择异域风情还是传统的园林式，既要根据业主的个人爱好，又要考虑整体的环境和小区的风格，只有这样才能做好庭院设计的第一步。

2. 人性化

首先需具备合理的整体布局，布局成功与否，是造出的庭院美不美的关键。布局有很多规则可循，但是都会有主次景观之分，一个庭院有一到两个突出的视觉点已经足够。别墅带给人的不仅仅是宽敞的空间和种满植物的庭院，而是一种新的生活方式。对庭院的理解必须上升到生活理念的层次，而不是仅仅停留在植树理水，需要体现人性化的设计理念。

3. 私密性

别墅庭院空间是个外围封闭而中心开敞的较为私密的空间，有强烈的场所感，便于人们聚会和交往。领域感是人类与生俱来的一种本能行为，也是人们对居住环境最基本的心理要求。别墅庭院无论是在空间使用上还是心理上均属于私人领地，表现出强烈的领域感，给使用者带来一种自尊与归属感。使用者把个人的印记表露在庭院空间里，以此建立个性与特色。在我国传统庭院记忆中，庭院空间承载着人们吃饭、洗衣、晾晒、聊天、打牌、下棋、看书看报、晒太阳、听收音机、修理东西等日常生活及休闲活动。现代别墅庭院承担的活动范围更广，除满足日常生活需求外，更主要的是通过视、听、嗅等感官从庭院空间中获得精神的愉悦与心理的放松。例如，浇花剪草时体验庭院劳作的惬意、周末午后享受阳光沐浴、星光下进行浪漫的烛光晚餐等。特别是在高度城市化的今天，紧张疲惫的工作之余，享受自由惬意而不受外界干扰的庭院生活已成为人们购买别墅的主要目的之一。

4. 安全性

美国人本主义心理学之父马斯洛的层级论认为：人的基本动机就是以其最有效和最完整的方式表现他的潜力，即自我实现的需要。安全需求是其提出的“人类五个等级需求层次论”中仅次于衣食住行等生理需求的第二位基本需求。作为理想生活的载体，安全性也是别墅庭院景观的特征之一，主要表现在庭院内在的安全性和如何处理外部侵犯因素。内在的安全性，包括景观元素在被使用过程中的安全性，如水池、用电设施、园林小品、植物、道路等元素的安全系数；外来侵犯因素的处理，包括对外来人员、动物等对庭院主人生活干扰的处理等。

5. 空间的延展性

别墅庭院景观是建筑室内空间的延续，庭院空间的风格也往往与别墅建筑室内空间风格相呼应、协调。空间延展性是别墅庭院景观区别于一般园林绿化景观的重要特征之一。庭院空间作为连接室内外空间的过渡空间，在视觉上延续着室内空间，在功能上更是对室内空间的补充和加强。别墅庭院空间是一种人为作用下的生活空间与自然空间的统一体，承载着人们日常生活中的休闲娱乐、健身散步、聚会就餐、家禽养殖、宗教庆典等众多活动的开展，是室内生活在功能上的延续。

四、别墅庭院的设计原则

1. 功能原则

设计庭院是为了更好地服务生活，为居住者所使用。庭院景观在展示个性、满足观赏的同时，最终还得回归庭院本质生活。别墅庭院是家庭住宅中重要的使用场所，依使用频繁程度排序大致是：用作起居、室外运动健身、室外烹饪和就餐、晾晒、园艺、接待来访亲友和储存杂物。另外根据家庭成员的具体情况，庭院功能安排也应不同，如老人和三岁以下的小孩对于景观设计有特殊的要求，需重点注意。

2. 比例原则

比例是以形体因素为主并且趋于数字化的有限的对照关系。庭院中的景物之间和景物之内包括线、面、体之间都存在一定的比例关系。庭院绿化时，植物体量与庭院面积大小、建筑物体量也遵循一定的比例关系，只有比例适度才能营造出赏心悦目的庭院景观。

3. 尺度原则

尺度是指对同人体或人体器官相接触并密切相关的功能性景物与设施来说，其体量的相对大小和绝对大小都必须受到人体及其器官大小的约束。庭院景观中的设施，如绿篱、栏杆的高度，亭子的体量，泳池的大小，草地汀步的宽度与间距等缩放的比例是有限的，如果不适合该庭院业主的日常生活使用，那么它们也就失去了存在价值。

4. 韵律原则

在音乐或诗词中按一定的规律重复出现相近似的音韵即称为韵律。设计庭院也是如此，只有巧妙地运用多种元素的重复，才能使游人获得韵律感。

5. 质地原则

质地是指庭院中生物与非生物体表面结构的粗细程度，以及由此引起的感觉。大自然中的美无处不在，如植物的叶片要得到阳光，所以很自然地互相嵌合并摆匀表面的空间，绿色或彩色的树叶会自然而显示出一种色彩美。质地美也是到处可见，如在一片河沙中放一块光润的顽石，这一组质地相近的景物就会呈现谐调之美。

6. 对比与统一原则

当具有各种不同特性差异的景物存在时，它们之间形成的对比关系会使整体景观更能形成美感。色彩和质感都是庭院中最容易产生对比的元素，不同的景观元素、设施都有自己的色彩和质感，要使每种具有不同色彩和质感的景物一起存在而不显得杂乱，这就需要在色彩搭配和质感过渡上下一番功夫了。色彩搭配时可以参照色轮表，通过对比色、调和色、中性色的应用来达到理想的景观效果。同时，可以利用色彩面积的大小来强调景观的焦点和重点区。

对于别墅庭院景观来讲，统一性主要包括三个方面：①庭院景观应与小区周边环境谐调统一，尽量利用借景手法，使不雅的景观被遮挡；②庭院风格、主色调应与住宅建筑互为呼应，与室内装饰风格相似；③庭院内部各区块、空间有机相连，过渡自然。

7. 寻求意境原则

庭院在成“境”之后就成为欣赏者游乐之所。一座耐人寻味的庭院可以连续几百年成为游人向往之所，原因之一就是其中景物可以引发游赏者的联想和想象，即产生“意境”。庭院的意境突出表现为：①诗情——“触景生情”，意思是有了实景才触发情感，也包括由此而联想和幻想而来的情感。例如，在设计别墅庭院景观时，主人从老家带过来的一副旧石磨可以唤醒许多儿时的回忆、老家的生活场景，倍感亲切。②画意——庭院画卷，对于漫步于庭院的游人来说，只有“八面玲珑”、移步换景的庭院景观才能使游人满意，具体表现为景观设计时巧在伸展有致、虚实结合，忌一览无余。

第二节 设计方法

一、功能分析法

别墅庭院的景观设计首先应当考虑的是场地中的功能布局关系，只有当娱乐空间、生活空间、工作空间、景观空间的使用功能及相互关系得到合理确定后，才可以进行更加深入的设计。场地空间中的各种功能要求应当按其用途、目的、属性等进行分类，并对它们之间的关系进行合理的、高效的组合与配置。

1. 解读任务

根据设计任务书和场地使用的功能要求，一方面可以用组织结构图或气泡图将场地的各种使用功能列出，检查它们之间是否有冲突和重复，然后调整它们之间的关系，直到基本关系比较合理为止。另一方面，用粗细不同、色彩不同的箭头标注出各个任务之间重要的关系、次要的关系和需要阻隔的关系等，使不同功能之间的配置更加明确。

2. 空间的属性分析

别墅庭院空间因为其使用功能和场地布局位置的不同而在特性上有所差异，应当首先确定空间的基本特性，并且将性质相似的空间整合在一起，将性质相异或相斥的空间妥善隔离或做恰当的衔接，如图 4-10 所示。

1）按照空间的动静关系划分

空间的动静关系主要以人的行为对空间属性的影响为划分依据。别墅庭院景观设计中的动态空间主要是指室外具有开放性质的、供人流集散使用的、人的行为以穿行通过为主的空间区域，如别墅庭院的交通空间。一般来说，别墅庭院动态空间的设计主要服务于人的视觉审美需求，交通路线应清晰便捷，有较大的空间体现设计的个性和特色。

别墅庭院景观设计中的静态空间主要是指室外相对具有封闭或半封闭性质的、供人们休息逗留的、以坐或卧的放松方式为主的空间区域，如私人别墅的后花园等。典型的静态空间应当吸引人们较长时间停留，充分考虑视线的组织，使空间具有私密性和丰富性。别墅庭院静态空间一般设计有较好的景观观赏点，私密性比较强，能隔离噪声；座椅等设施应非常舒适，注重荫蔽和通风，并应仔细推敲材质、色彩的搭配等细节的设计。

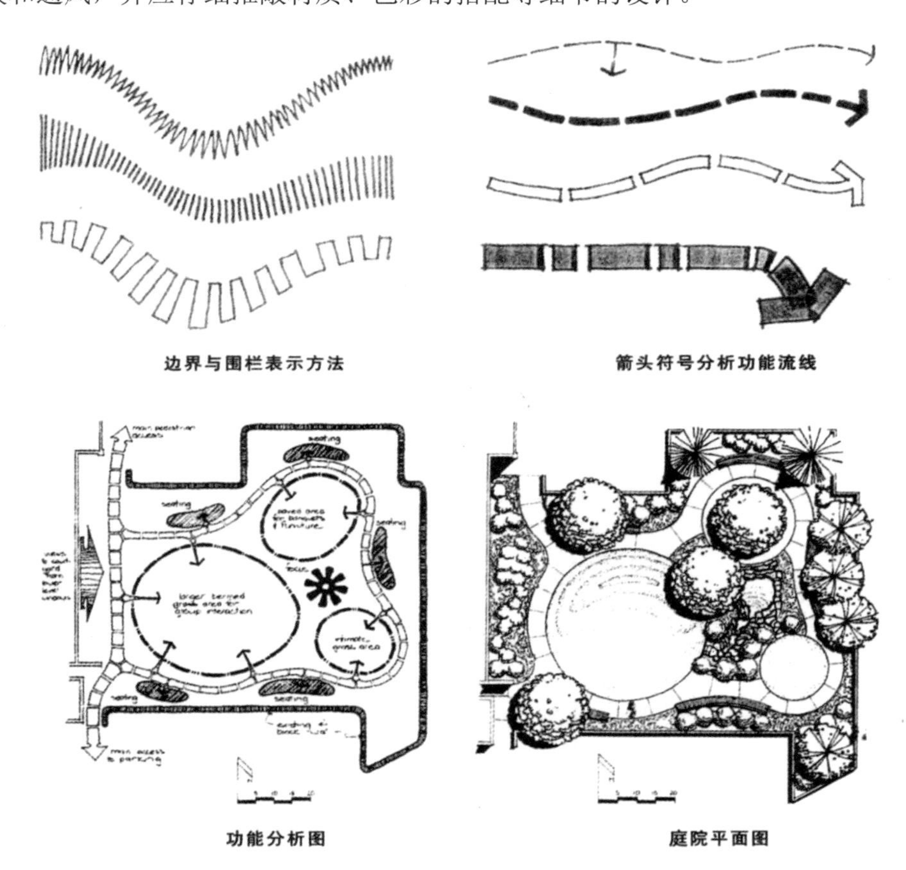

边界与围栏表示方法　　箭头符号分析功能流线

功能分析图　　庭院平面图

图4-10　别墅庭院的功能分析图

动态空间和静态空间是一种相互比较而言的空间特性划分，并没有绝对的标准。在别墅庭院景观设计中，往往需要选择区分动静空间的范围，以引导细部设计，并注意两种空间的连接方式，使不同属性的空间之间过渡自然。

2）按照空间的主次关系区分

空间的主次关系一般是指根据使用功能不同，以人们活动的性质的重要程度或者是频繁程度划分的空间关系。主要空间需要设计者花更多的精力去推敲景观各个元素的关系及整体的综合效果，包括从不同角度观察主要空间的视觉效果。通常主要空间内往往应当具有提供便利舒适、引人注目或引起兴趣的环境特征，给人以鲜明而深刻的印象。别墅庭院景观设计的次要空间一般功能比较简单，为满足主要空间的功能需求服务，作为过渡和衬托。在设计时尤其应注意分清主要空间和次要空间的关系，在主要空间中强调设计的兴趣点做“加法”，在次要空间减弱设计的兴趣点做“减法”，使整个环境景观的空间清晰明确、主次分明。

3. 功能空间分析

1）美化室内空间，改善别墅整体环境

在别墅中设置庭院景观，将室外景观作为别墅的一个不可分割的部分，使别墅建筑产生生机勃勃的气氛，增添自然气息，将室外的景色与室内融合起来，使人们置身此景中，仿佛回到大自然一样。通过精心设计别墅庭院景观，将自然景观与人文景观完美结合，使别墅建筑宛如从特定的环境中生长出来，流动的空间与清新自然的景色既美化了室内空间，又改善了别墅的整体环境。

2）创造层次感，使室内外空间有机互动

在所有的建筑类型中，别墅的室内空间与室外空间最为融合，别墅的室内空间担负着生活、接待、休息等多种功能，庭院则是人们与自然对话的场所。别墅庭院作为一个独立封闭的空间，使得别墅在空间上内外结合，让人们更亲近自然，拥有更多的户外活动空间，从而使别墅更细腻、人性化，空间更具有流动性，创造一种更健康的生活方式，带给人们全新的感受。

4. 功能空间的平面组合方式

别墅庭院功能空间的平面组合方式多种多样，使庭院设计方案具有多种可能性、一个好的、合理的空间平面就好像一个人长了一副好骨架，是整个设计方案成功的基础。

1）网状平面组合

网状的平面组合布置就像在坐标象限中，以固定长度为单位，在横向和纵向两个方向按照一定的数量阵列形成的组合关系。网状布局的平面一般以东西向为横轴，南北向为纵轴，每一个地块的面积相等或近似，也称为棋盘式的布局。

网状平面组合的优点是模数化，便于人们对方向和功能进行识别和使用，地块之间的关系简单、明确，施工容易；景观设计中的各个元素，如水景、照明、座椅设施等比较容易互相配置组合，与周边地块的发展利用能够较好地衔接。缺点是容易显得机械、呆板、冷漠，缺乏亲切感，立面上也缺少变化。网状的平面组合经济性比较好，没有明确的方向性和主次区分，实际应用非常广泛。当一个地块三面或四周都必须与周边密切联系时，网状的布局是比较理想的选择，如图 4-11 所示。

2）轴线式平面组合

轴线式的平面组合是指以一条主要的线形空间作为设计的主线，在主线上串联若干节点，形成前后贯穿的空间关系，也称为线状平面布局。主轴线的确定一般根据别墅建筑的出入口以及重要的、标志性的景观特征或是人流交通的主要路线来设定。明确的主轴线可以起到很好的视觉和方向引导作用，可以衬托和突出景观中的重要特色，使视觉立面的层次丰富，整体布局主次分明。从景观轴线上的各个节点可以横向延伸，带动轴线周边的环境设计。轴线式布局的优点是方向性明确，便于安排设计中的重点和次要部分，实际应用也非常广泛和灵活多样，最适合半开放的或者基地本身呈长条状的空间，如图 4-12 所示。

3）发射式平面组合

发射式平面组合是指以一个中心点为发射点，有规律、有节奏地向四周递增、递减或均匀排布的组合方式，也叫中心辐射平面布局。

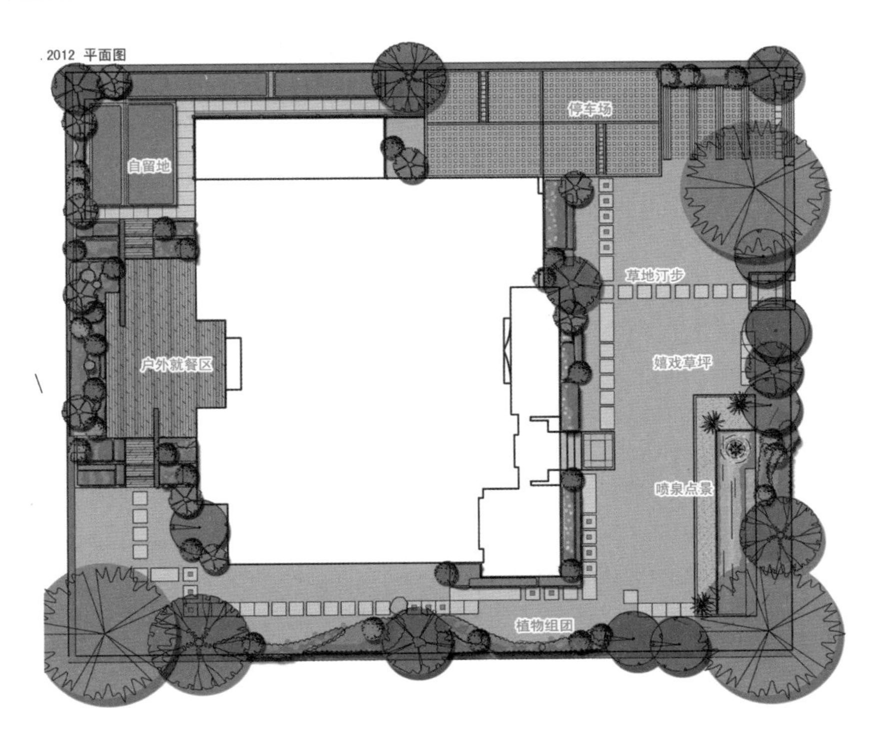

图4-11　古北国际42号花园别墅的庭院布局图

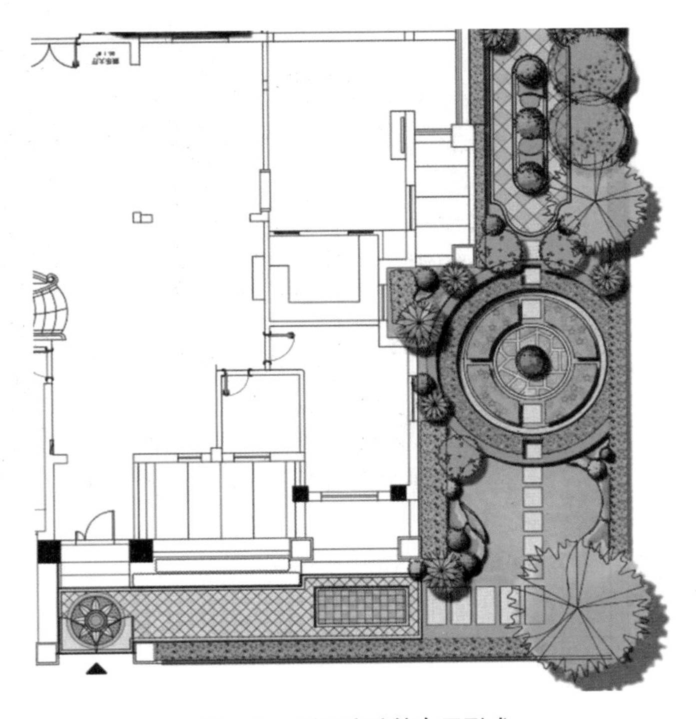

图4-12　别墅庭院的布局形式

发射式的平面组合具有非常强烈的导向性，空间的聚合性很强，比较适合纪念性、主题性强的空间。空间布局的中心，也就是发射中心是整个空间的灵魂，应当选择富有强烈个性和特征的景观。发射布局的中心处通常选择高大的喷泉、雕塑等从远处即可以识别的标志性景观，以引导人的聚集。

发射式的平面一般用在庭院空间尺度较为集中、景观中心节点比较重要、功能要求比较单一的场地。这种平面布局有较大的限制性，不适合安排过多的、过于混杂的使用功能，一般作为集散场地的应用较多。

4）自由式平面组合

自由式平面组合与以上三种都不太相同，是将各种平面布局的方式综合起来，加以调整，或者是整理出场地的交通和功能布局后，以自然的方式将各个元素组合起来。自由式的平面组合没有固定的构图方法，以设计师的独特创意和构思为主导。自由式的平面组合更加注重人在空间中的体验，使其达到步移景异的视觉审美效果。

自由式庭院从模仿纯天然景观的野趣美，不采用有明显人工痕迹的结构和材料，到仅强调以有机形创造多样化和戏剧化的艺术效果，完成了对大自然本质的提炼。设计采用自由随意的手法，巧妙地将景观融入周围环境之中，将人们的心情从刻板的生活状态中解脱出来。绿化、天然的木材或当地的石料，代替了生硬的人工材质铺装与砌筑，柔化了生硬呆板的建筑轮廓，如图 4-13 所示。

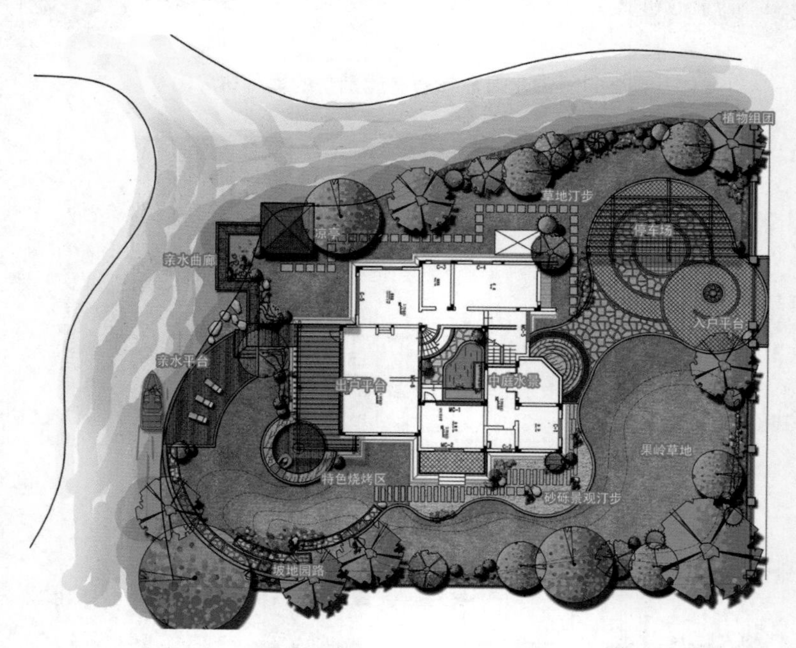

图4-13　自由组合式平面布局

5）混合式平面组合

当前景观规划较为侧重于对几何形式的利用，并且因地制宜地体现庭院个性。因此，大部分别墅庭院兼有规整式和自由式的特点，这就是混合式庭院。

归纳起来，混合式庭院大致有三类表现形式：一类是规整的构成元素呈自由式布局，欧洲古典贵族庭院多有此类特点；第二类是自由式构成元素呈规整式布局，如北方的四合院；

第三类是规则的硬质构造物与自然的软质元素自然连接，可以将方形或圆形的硬质铺地与天然的植物景观和外缘不规则的草坪结合在一起。如果一块地既不是严格的几何形状又不是奇形怪状的天然状态，此法可在其中找到平衡，如图 4-14 所示。

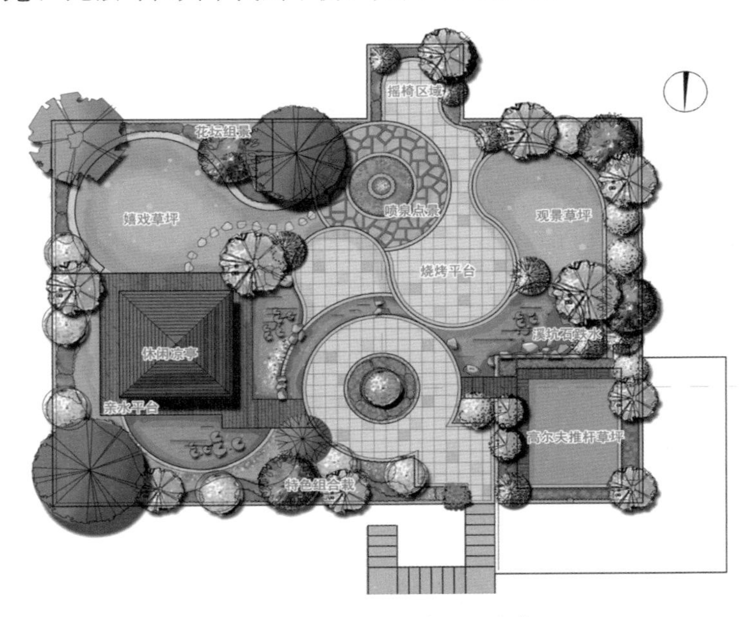

图4-14　屋顶花园混合式组合布局

6）主题式平面组合

主题式平面组合反映需要表达的主题，尽量通过各种形式——点、线、面、形体、运动、颜色、质地、声音、气味、触觉，激发出观者的情绪。在视觉方面，往往是通过一些能引起情绪变化的形式和材料来达到。例如，规整表示严肃，跳跃、失衡表示轻松、活跃，剧烈变动的折线表示激动，有节奏的平行线表示惬意等，如图 4-15 所示。

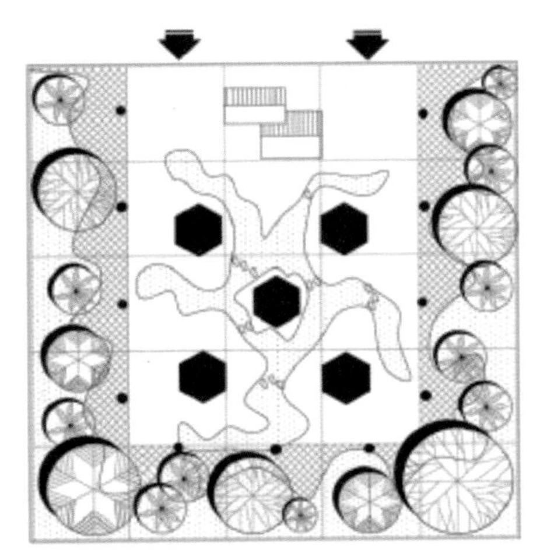

主题庭院——曲水流觞

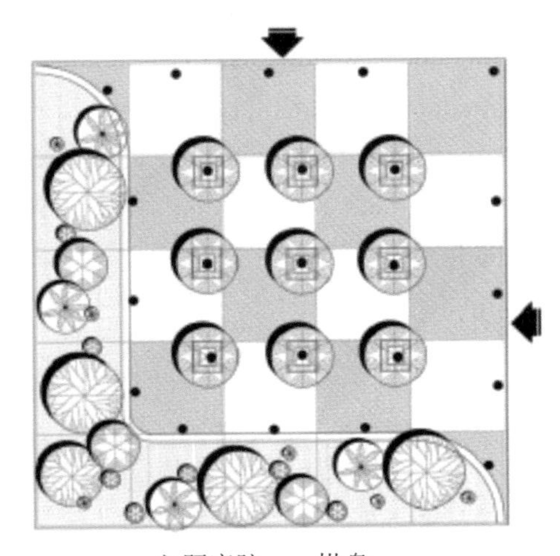

主题庭院——棋盘

图4-15　主题式庭院组合布局

二、空间组织法

1. 视觉中的尺度变化

别墅庭院的景观设计中应当着重把握视觉中的尺度这一关键因素。人的感觉和体验是一种情绪化的、带有想象性质的观察，所以人的尺度感也常常产生不同的变化。别墅庭院设计中的尺度并没有一个确定且统一的标准，也绝对不是唯一的感受。同一个空间，经过不同设计师的设计，可能会产生完全不同的空间尺度感。例如，法式园林的巅峰时期代表作凡尔赛宫的设计，在尺度巨大的平缓开敞地形上以十字形的轴线为中心展开，利用透视学的原理，使人在宫殿前广场上俯瞰整个园林时，感受到的空间尺度比原空间要小一些；而日本园林的设计则正相反，日本庭院的尺度一般都比较小，园林中布置的枯山水、灯笼等的尺寸也比较小，另外庭院的设计以障景、藏景的手法为主，使空间的尺度感觉要比实际的尺度大很多。所以，人凭借自己直觉感受去度量一个空间，往往会因为空间中物体的大小、材料、造型、质感以及位置等因素产生完全不同的效果，有经验的设计师会注意到这一点，并根据自己的经验来调整视觉感官的偏差。

人的眼睛是一种非常奇妙的感受器官。眼睛观察的别墅庭院往往会产生各种变化，特别是三维空间中的尺度。《艺术与视知觉》中详细地分析了人的眼睛如何对平面图形产生错觉，同样的两条线段，因为线条端点的造型不同，就会感受到上端的线条长，而下端的线条比较短些。空间中的造型元素就更加复杂了，很多因素都会影响到空间的尺度感，如果比较粗浅地概括出来，应当有如下几种规律。

第一，空间的布局方式会影响别墅的庭院感。相同尺寸的一块场地，如果平坦开阔，没有任何物体，空间的尺度会感觉比实际小一些；如果适当加入一些构筑物，空间就会显得比实际尺寸要开敞，尺度感更大。但是，如果场地中的内容过多、过于拥挤的话，空间的尺度感又会显得比较狭窄。一般来说，轴线式对称的平面布局空间的尺度感会显得比自然式布局的空间尺度感要小一些。

第二，空间中构筑物的颜色和质感会影响视觉的尺度感。同样的空间中，如果构筑物（包括植物和矮墙）的表面肌理比较粗糙、色彩比较浓烈艳丽，则会拉近构筑物与观者的距离感，这些物体本身会表现得比较活跃、抢眼、富有挑逗性，从而使空间的尺度感变得比实际的尺寸要小一些、近一些。相反，如果空间中构筑物的肌理比较平滑、细腻，颜色比较清淡、柔和，甚至带有反光、折射或反射的特性，这些构筑物就会显得比较“虚”，距离仿佛更远，而空间的尺度感也会显得更大。

第三，空间中构筑物的尺寸和形态会影响视觉的尺度感。一般来说，高大的、整体的构筑物放置在空间中，会使空间显得比实际要小一些，这是因为对比效果产生的视觉错觉；而低矮的、小尺寸的、分割得比较琐碎的物体放置在空间中，会使空间的尺度感要比实际的更大一些。如果景园中有一块长方形的绿地，使它的尽头逐渐变窄，就会产生一种错觉，仿佛距离变长了。这种效果还可以通过改变树篱、乔木的高度得到进一步的强化，使人感觉景园的面积要比实际的面积大出许多。

2. 景观要素的组织

1）秩序与美——概念的转换

转换概念的过程是一个从天马行空般的自由创造的思维向精巧严密的分析推理的思维转换过程，是发散性思维向分析性思维转换的过程，是一个从“放”到“收”的过程。这个过程中，概念和创意被实实在在地落实到具体的景观要素——植物、水体、构筑物和铺装中，要合适地应用这些要素，组织成和谐、美观、实用的景观设计，必须遵守一些法则。正如美国的拉特里奇教授（Albert Rutledge）在《景园解析》一书中所谈到的，景观设计应当满足功能要求、符合人们的行为习惯、创造优美的视觉环境、创造合适尺度的空间、满足技术的要求、尽可能降低造价，以及提供便于管理的环境。在别墅庭院的景观环境设计中，尤其应当注重视觉形式美法则和对空间尺度的控制。

2）景观视轴的控制

别墅庭院景观设计中非常独特的一个要素就是对人的视线的分析和组织。人们按照场地交通组织中的道路安排移动，会有特定的经过路线；在不同的地段有时快速经过，有时慢速游逛或是停下休息。行动方式不同，会造成不同的视线轨迹，这些轨迹中特别重要和典型的，可以抽象归纳为景观视轴线。景观空间中各种构筑物、植物、铺装等的设计应根据视轴线的控制予以安排。景观视轴线上应当安排不同的景观节点。各个节点应各有不同，但相互之间应该在立面上形成组合关系，远景、中景、近景之间相互呼应，组成一幅和谐的画面。可以利用透视的视觉效果，使各节点处的景物形成框景、主景、背景，体现出明确的层次关系。

景观轴线较多时，应当区分主次和不同的特点。景观主视轴线通常也是场地中的主要交通途径，次视轴线往往根据重要的建筑物朝向、水流的主要流向等较显著的地貌地物特征来确定。各个视轴线一般均匀地分布于整个场地，有主有次，最好各自有设计上的侧重。两条或多条景观视轴线交会处，应当布置重要的节点设计。其他细节如铺装或植物等，应当起到引导视线和衬托主景的作用。

另外，组织景观视轴线的设计时，应当注重透视学原理的应用。科学透视法在别墅庭院景观设计时主要有两个作用：一是制造深远、富有层次或紧凑致密的景象；二是追求在主要固定视点观察时视觉上的和谐比例。

3）优美的天际线

当我们欣赏一幅风景画的时候，总会看到画家对景物消失处的天际线十分用心地处理。我们观察室外的风景时，也会发现，越是远处的景物，越是在视觉中显得密集和平面化。在别墅庭院中的景观画面里，天际线所形成的景象在视觉构图中也起着非常重要的控制作用。整个景观的节点设计，往往受到地平线处景观的强烈影响。一般来说，天际线是作为景观画面的远景和衬景出现的，如图 4-16 所示。天际线体现出设计和该地区的地貌特征的衔接情况，设计者应当仔细观察天际线所呈现出的形体和姿态，结合场地调研中所做的景观概貌进行速写，在设计中予以强调、补充或平衡。

4）构图设计

别墅庭院的景观设计中，各个设计元素应当按照一定的视觉审美规律进行构图安排，才能给人以和谐、愉悦的感受。这些规律主要是统一、协调、趣味、对称、均衡、对比、节奏与韵律。

图4-16　中房森林别墅庭院的景观节点

（1）统一：任何单个的景观图形，通过相互联系，构成易于辨识的整体形状，便具有统一感。《园林景观设计：从概念到形式》一书中，作者里德总结并指出了做到统一的几个主要手法：①采用以逻辑为基础的几何图形——矩形、三角形、正多边形、圆形，或自然形式——曲线、椭圆、螺旋线、不规则多边形等多种形式为模板，将场地规划中的各种构成要素连接成统一的整体。②多组图形如果具有相同的特征，如形状、色彩、肌理、类型等，可以因其相似性而具有统一感。③元素之间具有明确的从属关系，如从整体分裂出来的个体，相互之间具有统一性。④通过路径的串联，路径作为统一要素，将个体结合成整体。

（2）协调：如果设计元素类型相当、方向一致、尺度相近，当然可以构成统一整体，但不免单调乏味。这时追求变化是增加情趣的方法。不同的元素之间必须通过合适的连接方式，使之构成协调的整合体。与统一不同，统一是针对整体构图，而协调是针对元素之间的相互造型关系而言的。元素之间的连接，如果采用明确的几何方式，如 90° 连接、平行线连接、平滑过渡、逐渐过渡、缓冲等手法，使景观元素之间的关系，如方向、位置等协调，容易彼此和谐构成整体。

（3）趣味：景观元素的组合要具有吸引人的趣味性。通过形状、尺度、质地、颜色、位置、方向、路径、声音等的变异，可以起到强化景观元素特征的作用，在整体构图中，突出显示出趣味性，同时强化了视觉焦点。如图 4-17 所示，木平台休憩区与水池巧妙结合，增加了空间趣味性。

（4）对称：是最为规整的构图形式，存在着明确的秩序性，通过对称达到的统一是常用的手法。对称形式组织的构图具有单纯、平静、庄严、理性的特点。但过于强调对称会有呆板、做作的感觉。对称一般分为轴线对称、中心对称、旋转对称、反对称几种形式。西方古典园林的设计非常讲究平面布置几何构图的对称性，通过使用对称的手法，突出景观的秩序感和宏伟的气势。一般来说，公共性强、使用功能比较严肃的区域大多应用对称的手法取得空间的协调和气氛的烘托。如图 4-18 所示，颐亭花园对称式布局，彰显其大气与高贵。

图4-17 观庭别墅休憩区的设计

图4-18 颐亭花园别墅的平面布局

（5）均衡：是指部分与部分或部分与整体之间所取得的视觉上的平衡。均衡的构图并不一定需要对称，大多是通过面积、形体、数量、质感等的相互搭配取得匀称协调的视觉效果，一般有机械均衡和动态均衡两种形式。机械均衡是指取得协调的构图，各个部分之间具有显而易见的数理模数关系，显得比较单纯、静态明晰；动态均衡是随着构成因素的增多而变得复杂，具有强烈的动态感，更加微妙、模糊、丰富。东方的古典园林和景观设计具有均衡构图的传统，组织景观各元素的线索隐藏在游客游历路线的各个停留点中，含蓄地留给游览者探索发现的空间和乐趣。

（6）对比：也是视觉审美和艺术设计中通常使用的手法。对比是典型的二元论思维方式。任何一个事物中都隐藏着矛盾的两个典型方面。而对比就是将矛盾的这两个典型方面抽象提取出来，在同一层面并置，达到强调视觉冲击力的效果和目的。从别墅庭院的景观形式和构图设计来看，方形与圆形并置、玻璃与水泥并置、黑色与白色并置、大空间与小空间并置、高空间与矮空间并置，都是对比手法的具体应用。从感受的角度来分析，冷与暖、光明与黑暗、严肃冷静与诙谐热情、光滑与粗糙、精致与质朴、含蓄与直白、隐秘与公开、欢乐与压抑、明确与含蓄、冲动与矜持、感性与理性、狭窄与开阔，甚至对比与和谐，都是可以通过景观环境的设计达到的视觉与心理效果。应用对比的手法，其实是发现矛盾冲突的两个方面的因素，且将之转化为视觉造型语言的过程。

在古典园林中，以空间对比的手法运用得最普遍。私家园林为了求得小中见大，多以欲扬先抑的方法来组织空间序列，即在进入园内主要景区空间之前，有意识地安排若干小空间，这样便可以借两者的对比而突出园内主要景区。

不同形状的空间也可以产生对比作用。例如，整齐规则的空间院落与自由、曲折、不规则的空间院落之间，往往由于气氛上的迥然不同，从而产生强烈的对比作用。相邻的景观区域，除因大小、形状以及封闭与开敞的程度不同而可产生对比作用外，还因其内部处理不同，也可以构成极强烈的对比关系。

（7）节奏与韵律：原本是音乐创作和欣赏中的概念。在视觉审美过程中，富有节奏与韵律感的设计很容易引起人们的注意和好感，甚至获得审美的快感。从这一方面来说，人的视觉审美和听觉审美具有共性，都趋向富有节奏感的、韵律的元素。别墅庭院景观构图的设计中，通常应用重复、反复提示的手法，获得节奏与韵律的感受。视觉景观中的节奏，是指一个单元中的主要元素，可以是一个特定的颜色、一种特定的材料、一组特定的造型等，韵律，是指这个单元重复应用某些元素形成的秩序。乐谱中的一个小节中，应当有强音、次强音、弱音、次弱音的分别，才能构成抑扬顿挫、富有审美价值的旋律。景观设计中的韵律也是如此，在一个单元的设计中，应当有主次或渐变的变化，才能形成富有节奏的美感。如图 4-19 所示，伊莎士花园入户地坪造型采用曲线设计，表现空间的律动感。

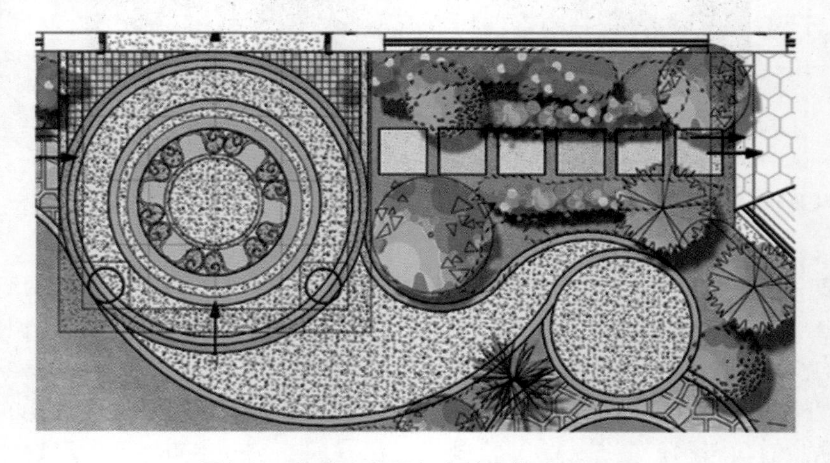

图4-19　伊莎士花园入户地坪的造型设计

（8）呼应与暗合：别墅庭院景观设计中的呼应主要体现为设计元素的呼应和细节处理的

呼应，设计元素指的是景观节点的样式、色彩、造型元素等。暗合主要是指主要景观节点之间的组合关系，一般来说，有并列式的组合和发展式的组合两大类。并列式的组合最为常见，是指景观中的各个节点各自从不同角度体现设计主题；发展式的组合更像叙事小说的手法，各个景观节点的设计分别暗示着起因、经过、高潮、结尾。

第三节 设计要素

别墅庭院设计元素大致可分为两种类型：一种是物质元素，包括道路铺装、山石水体、植物绿化、景观建筑（亭、廊、花架等）、雕塑小品、庭院家具（休息坐凳、遮阳桌伞、信报箱等）及景观灯具等实体化的物质元素，是景观的外在构成；另一种是由精神、文化、意境等非物质元素构成的，即景物或空间引发的精神感受与情感体验，是庭院精神内涵与气质的体现，是庭院的灵魂所在。别墅庭院是两者和谐统一的构成体，缺一不可。庭院的内在精神面貌和文化意境通过实实在在的物质景观表现出来，而实体景物因为有了文化意境和精神内涵而具有长久的生命力和感染力。我国先人对居住环境有着自己的理想模式，诸如“宁可食无肉，不可居无竹”“家有梧桐树，引得凤凰来”“小桥、流水、人家”等，通过对实体景观描述表达自身节操和美好愿望，可见实体景物与内在精神对于景观环境的必然联系和不可或缺性。对于承载个性生活和情感寄托的别墅庭院更是如此，必须做好物质与精神的联系，使二者协调统一，相得益彰。

一、道路

别墅庭院中的道路主要突出：窄、幽、雅。窄是庭院道路的主要特点，因为服务的对象主要是家庭成员及亲朋等，没有必要做得那么宽，不然不但浪费，而且显得园子很局促；幽是通过曲折的造型，使人们产生错觉，感觉庭院幽深、宽阔；雅是庭院的最高境界，能做到多而不乱，少而不空，既能欣赏又很实用。有些庭院由于空间有限，通常不再单独设计道路，可以利用地形变化延伸来增加道路。下面是对道路的一些具体分析。

1. 道路的线形设计

道路的线形设计应与地形、水体、植物、建筑物、铺装场地及其他设施结合，形成完整的风景构图，创造连续展示园林景观的空间或欣赏前方景物的透视线。道路的线形设计应主次分明、疏密有致、曲折有序，满足交通和游览等功能。

为了组织风景、延长游览路线、扩大空间，别墅庭院道路的线形应该有适当的曲折，较好的设计是根据地形的起伏与周围功能的要求，使主路与水面若即若离；交叉于各景区之间，沿主路能使游人欣赏到主要的景观。把路作为景的一部分来创造，道路的布置应根据需要有疏有密并切忌互相平行；适当的曲线能使人们从紧张的气氛中解放出来，而获得安适的美感。

2. 道路布局

道路的布局要根据别墅绿地内容和使用人次的多少来决定，要主次分明，因地制宜，密切配合。例如，地形起伏的道路要环绕山水，但不应与水平行，因依山面水，活动人次多，设施内容多；地势平缓处的道路要弯曲柔和，密度可大一些，但不要形成方格网状。

道路的入口起到引导客人进入庭院的作用。不同的入口设计在引导人们前进的同时，还会营造出不同的气氛，一条宽阔的道路会使客人产生进去闲逛的想法，而一条狭窄的道路则会使人加快行走的速度。在道路中途设置的广场为客人提供了一个欣赏景色、休息以及改变行走方向的地方。铺装道路的材料、形式与质地十分重要，起着传递庭院设计者意图的作用。直线、弯角、几何形体表现了规则式设计的意图，而自然曲线、疏松的铺装和一些不规则的形体则表现了非规则式设计的特点。如图 4-20 所示，道路入口采用汀步与草坪相结合。

图4-20　汀步与草坪相结合

3. 道路的功能性

道路除了具有装饰作用外，还具有功能性，例如，为了让割草机和手推车等工具通过，庭院的主干道还要有一定的宽度和承重力。靠近住宅的台阶和小路则应该满足人们的各项使用要求，方便小孩、老人和残疾人的使用等。一些很少被利用的道路则没必要那么宽，可以少设置一些设施，路面应该保持平整，即使一些石头铺装的路面也必须保证路面上放置的桌椅保持平衡。具有较好防滑性能的铺地材料，可以用在较滑的坡地上。

路面的均衡度对营造庭院气氛起着很大的作用。同一路面在一个区域中会显得开阔，而在另一个区域中则可能会令人感到局促。因此，不同环境路面的设计会带来不同的均衡感。

二、铺装

别墅庭院的景观设计中，材质的选择与利用非常重要。不同的材质有不同的反光率、吸水性、保温性等特点。给人的视觉感受、触觉感受甚至心理感受也各自不同。室外空间中所使用的材质一般需要防水及防日晒干裂、防滑。木制的材料需要经过工厂的再次加工进行防腐防水处理。不同的材料具有不同的个性，塑料、木材给人的感觉比较柔软、有弹性而温暖；石材、玻璃的触感比较坚硬、平滑、清冷。材料的特点和质感可以在设计中巧妙应用。

1. 铺装的类型

（1）园路能够最大限度满足现代人群散步、休闲之用。它贯穿庭院的交通网络，是连接各个景点的纽带。园路设计要从实用、美观、简洁出发，给人以精致、细腻的感受，增添庭院的美感。庭院园路在功能上要起到组织交通、引导游览的作用。当人们顺着园路行走时，即可观赏到沿路的庭院小景，拥有因路得景、步移景异的感受。园路与植物、亭廊、山石、水景等相互配合，可形成自然和谐、浑然一体的别墅庭院景观。总体来说，不论是西方园林中园路的笔直修挺、轴线对称，还是中式园林中园路的蜿蜒起伏、曲折有致；不论是铺装灵活、质朴自然的情趣汀步，还是图案精美、静谧幽深的游览主路，都要满足园路的基本要求：坚固、平稳、耐磨、防滑，少尘土，便于清洁。因此，无论是在外观造型上，还是在使用功能上，都要体现出园路的实用美与艺术美，如图 4-21 所示。

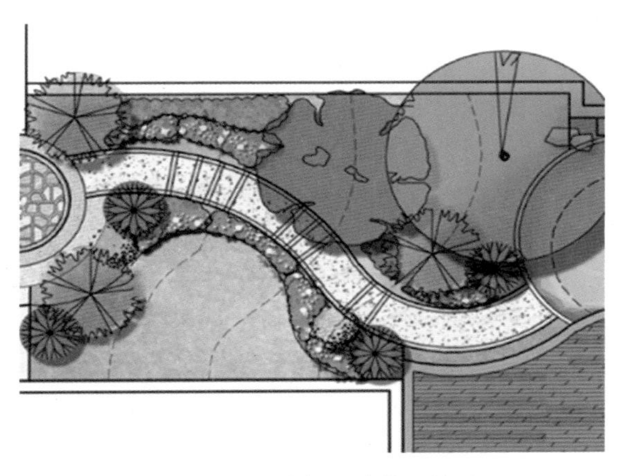

图4-21 特色园路的设计

（2）别墅庭院平台必须使用防滑材料，确保它的安全性。入口平台和休闲平台是平台的两种分类。入口平台是指从庭院大门到园林建筑入口之间的空间，它是人们进入别墅的第一空间。休闲平台是为了满足居住者日常聚会、休闲娱乐、生活工作、观赏景观的地方，是功能与艺术的结合体。如图 4-22 所示，防腐木的休闲平台营造出温馨的居家氛围。

图4-22 绿地布鲁斯小镇别墅休闲平台

2. 铺装的形状和图案

（1）形状：多种多样的铺装图案会带给居住者不同的视觉效果，对于庭院的整体风格也会产生别样影响，点、线、面的应用是其中最基本的表现形式。点具有凝聚力，是视觉焦点，丰富了居住者的视觉，带来了空间的活力。线的表达效果比点更丰富：直线代表了笔直、规矩，曲线具有婀娜多姿的线条，波浪线则像海浪一样翻滚起伏。面本身丰富多彩，可以单独应用，正方形和长方形效果基本一致，中规中矩、简洁整齐、稳如泰山，带给人们的感觉醒目但略显呆板。锐角三角形构图极具表现力，让人浮想联翩。正三角形与正方形特征相似：安定，稳重；而钝角三角形惴惴不安但具有动感、活力十足。菱形具有三角形的部分特征，当然也具有自己独有的特性，有一种对称和谐的美。圆形给人感觉饱满、圆润，富有张力，它对周围的空间有极强的占有欲。不规整形状的使用，会给人带来洒脱的感受。一般来说，在庭院设计中较多采用正方形、长方形、圆形作为平台形状，园路一般采用直线或曲线，如同置身于乡间小道，自由自在，无拘无束，与大自然相得益彰。

根据不同的用途，点、线、面的搭配使用是最具有实用性的。按照一定规律排列的点、线、面是井然有序、层次分明的，可以感受到其节奏感与韵律感，比如同心圆、米字形的线条就具有向心性。点、线、面如果随意排列组合，那么表达出来的效果也就千变万化，或细致，或热情，或含蓄，或奔放，都会给人以强烈的视觉感受。

（2）图案：别墅庭院铺装图案设计的根本原则就是协调统一。图案要表现出一致、整体、融洽的效果。构图要以精练、明快为主，图案的烦琐紊乱、冗余无序易产生群龙无首的感觉，更加大了施工难度。铺装作为庭院的一个不可或缺要素，其图案表现形式多种多样。不同的铺装图案可以区分尺度空间，填充图案异同，能够分辨出功能上的区别。多样的铺装图案表现千姿百态的主题风格。如图 4-23 所示，前院设置圆形铺装和花坛点景以形成门厅式景观，满足入户区域的视觉需要。

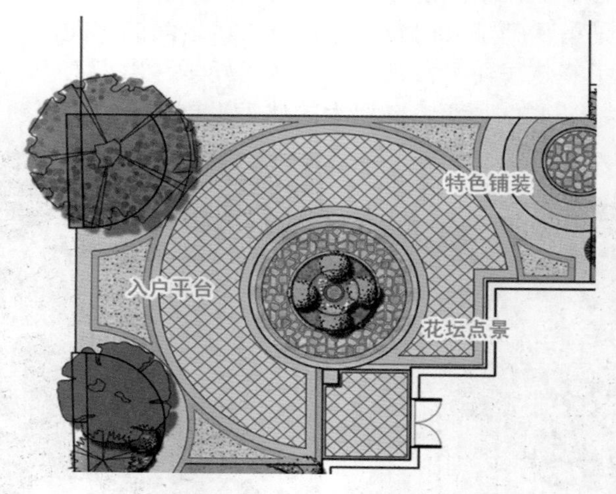

图4-23　入户平台的铺装设计

3. 铺装的材料

（1）木材：木材来自大自然，也是经常被用于室内的一种装修材料，所以它是室内与室外很好的连接材料，能使庭院与自然和谐一致，又能达到室内空间延伸的效果。对于建造在斜坡上的房子来说，木质铺板是一种最理想的材料，可以避免因大动土方而带来大量的工作量；而建在水边的房子用铺板则可建造出令人倍感亲切的亲水平台，实用与美观、意境都能很好地被体现出来。而铺板和桌椅一起使用，就可以营造一个没有墙壁的露天房间。但这里必须注意的一点是，在设计使用铺板时必须考虑安全问题及防腐处理，这是因为下雨及潮湿的天气木板容易打滑，而经过了风吹雨打，木板很容易腐烂，做好安全及防腐工作可以保证它合理的使用寿命。如图 4-24 所示，木质平台让人亲近，更享安宁。

图4-24 木质平台

（2）鹅卵石、碎石块和砂砾铺装：用砾石代替草坪，明显地减少了管理时间。砾石中的杂草容易被除掉，所以砾石是一种节省劳动力的地面铺装。同时砾石适用于任何形状的庭院和角落，非常协调、自然。它看上去很平整，而且容易铺设;它的另外一个优点便是造价低廉。砾石路面不仅能按摩脚底，有助于健康，而且走动时脚下会发出“嘎吱嘎吱”的响声，听起来别有一番趣味。砾石比草地更具有优势的一点是，它更适合现代形象的设计，砾石用作竹子之类的植物衬景时，会呈现出别具一格的东方情调。如图 4-25 所示，鹅卵石也可以与白色的石头与灰色的混凝土结合组成非常好看的图案，搭配两边的绿植，整体看上去非常有雅致的气质。

图4-25 鹅卵石与其他材质的组合方式

（3）混凝土：混凝土在人们的印象中是没有感情的、冷血的。很少有人在自己的庭院中运用混凝土来装饰，除非迫不得已。但它有一个优点，即便宜且坚固，如果想利用这一优点的话，那么在设计与施工时也有可行性，如在混凝土将干未干之际，在其表面经过刷、擦，露出鹅卵石或碎石成分，那么混凝土路面便显得相当有趣了，有一种天然去雕饰之感。再如，可以在新铺的水泥面上压印一些物体，如叶脉坚硬的树叶，当这些树叶被取掉后，水泥上会留有一种装饰性的印记。还可选择将一些抽象或其他设计用在半湿的水泥表面上。如图 4-26 所示，太仓某别墅停车场地面采用混凝土与石块相结合。

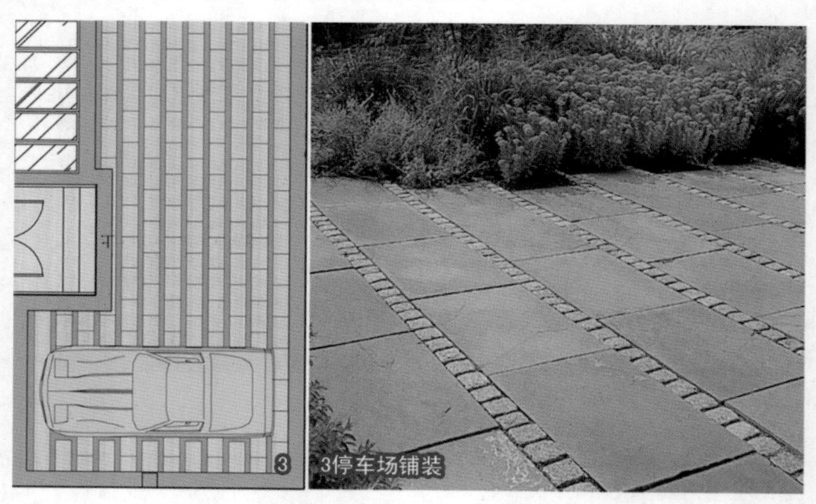

图4-26 太仓某别墅停车场的铺装

（4）烧砖：砖具有良好的透水性和透气性，可组合成各种图案，起到美化庭院的作用，且取材方便，价格低廉，施工简单。砖的颜色丰富，形状规格也各不相同，拼接的形式也富于变化，可以铺设出风格多样的图案，如图 4-27 所示。砖还可以作为地面铺装材料的镶边和收尾，形成视觉上的过渡。砖是庭院里大面积铺装常用的材料，无论是单独使用还是和其他材料一起用，都能拼成很多或简单或复杂的图案，这在我国造园经典巨著《园冶》里被研究得淋漓尽致。砖的颜色有很多种，选择时要与周围建筑的色调相协调。值得一提的是，黏土做成的铺路砖比建筑用砖有更多的形状和图纹，它们有多种颜色和质地，且最适于装饰路面。

图4-27 砖的排列组合方式

三、水体景观

水是园林景观中最具灵气的元素，水景的存在使景观更具活力和生命气息。作为高端消费品的别墅，水景自然是理想庭院景观不可或缺的精灵，水体无论是与建筑、植物、山石还是庭院小品等诸多景观元素及设施均能构成优美的园景。应用于别墅庭院中的水景，一般是由一定的水型和岸型构成的景，可细分为：①水池型，主要包括池塘（见图 4-28）、游泳池、喷水池等，喷水池主要有平面型、立体型、喷水瀑布型等。②瀑布型，通常是由山石叠高，山石下挖池作潭，水从高处流下。③溪涧型，属于线型水景，水面通常呈狭长曲折状，水流宛转回绕。

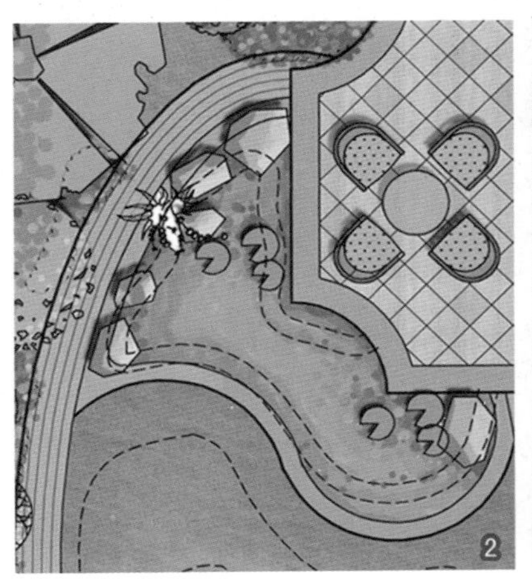

图4-28　太仓某别墅庭院的鱼池设计

1. 水景设计的原则

（1）水池位置选择：通常是以住宅的朝向方位来确定水池的具体开挖方位的，其次再过一些细节的考究明确水池的形式、形状及尺度。我国传统意义上理想住宅的选址是“背山面水”，即住宅大门朝向的方位需有水，背面靠山。现在商业开发下的别墅庭院并不能都保障大门前方庭院有足够的场地来营造水景，所以很多时候水景被设置在住宅建筑的一侧或者是后方。如果水在住宅后方，则与传统观念上的“背山面水”不符，会让居住者产生不安，这个时候的水景设计就需要在细节上下功夫了，假如在住宅正后方设置水池，那么不宜选择地下挖深建水池，而应在地面上砌筑池墙围合出水池。

（2）水池与住宅的距离：水池应当与住宅有一定距离，若离住宅太近，水池畏缩于一角，使得庭园布局松散、失衡，景观观赏性降低，不能形成环绕水池的游赏路线，同时会影响住宅沿墙的排水设计。另外一个很实际的问题就是：当水池太靠近住宅，如果与住宅的窗户或落地玻璃门相对的话，阳光很容易通过水面折射到室内天花板上，使人产生头晕目眩的感觉。

（3）水池形状设计：无论是设计池塘、游泳池，还是设计喷泉，类似圆形的形状都是最合理、最科学的，有以下几方面的原因：第一，能够藏风聚气。水池设计成类圆形，四面水浅，并向住宅建筑物微微倾斜内抱（圆方朝前），如此设计从风水学角度讲能够藏风聚气，增加居住空间的清新感和舒适感。第二，体现主人高雅品格。风水上说水景的形状最好为半圆形，如

图 4-29 所示，形如明月半满。例如，安徽黟县的月沼、传统客家的围屋前塘、普陀山普济禅林门前池塘，均为半圆形，有“月盈则亏”的寓意，主人以此勉励自己，要积极进取，勤勉持家。第三，安全易清洁。如果将水池计成方形、梯形、沟形，常常会看不清水池深度，让人产生错觉，这样对人的安全极为不利，特别是在庭院中玩耍的小孩，而设计为圆形则要安全得多。切忌将水池设计成沟状狭长形，这种形式在设计中被称为“汤胸弧形”，这种形状下水体常处于静止状态，与阳光、空气接触少，水质极易污浊变质，且不易清洁，日久天长容易积累秽气，不利于身心健康。

图4-29　中海翡翠城庭院鱼池设计

2. 水景造型类型

1）以静水为主的水景造型

别墅庭院中，静态水体一般分为观赏池和游泳池。观赏池是最常用的一种水景设计方式，主要是为了增加庭院的景观空间，如图 4-30 所示，硬质的铺装与水池衔接，曲线自然、优美，给人以祥和幽静之感，平静的水面仿佛一面镜子，可将周围景观映入水中，产生倒影，形成景观的层次，扩展了空间，美感立刻显现。成功的静水设计会达到“山光悦鸟性，潭影空人心”的境界，引人遐想无限。别墅庭院内设置的游泳池是为了满足居住者健身、娱乐、休闲的目的，突出了人的参与性特征，同时游泳池的形态是让人怡然自得的。游泳池水景以静为主，当然也可以结合假山流水等，营造出一个休闲锻炼的环境。所以，私人泳池不仅满足实用价值，也具有较高的观赏价值。

2）以流水为主的水景造型

流水水景造型增强了庭院的装饰性和趣味性，伴随着植物和石头的修饰，形成了马致远笔下的“小桥流水人家”山水相依的景观。道路蜿蜒曲折，涓涓流水，潺潺作声，人们好像置身于大自然中。溪和涧是庭院流水的主要表达形式，高处的流水经过溪涧慢慢流到平静的池子。在流水造型的设计中要通过控制水流速度、流量从而掌控其水宽、水深以及流水的形状，也可以通过设置石景引导景观的变化。为了增添趣味性，流水中可以饲养鱼类，但是需要安装专业的过滤设备。亦可以在溪涧中间放置石头，水流和石头发生碰撞，产生四溅的水花，飞珠滚玉，荡漾起一圈圈涟漪，美轮美奂。安全性也非常重要，四周的栏杆、石头、植物相互搭配应用，在池边形成天然的隔离带。如图 4-31 所示，淙淙的跌水声使庭院充满生机。

图4-30　名人世家别墅庭院的水池设计

图4-31　中式别墅庭院的跌水设计

3）以落水为主的水景造型

落水的常见形式有跌水、瀑布、水帘等。跌水使水流分层而成阶梯状流出，如图 4-32 所示；瀑布也叫跌水，是从高空垂直跌落；水帘是流水直泻而下，像水做的幕布一样。相较于流水，落水的形式丰富多彩，造型千姿百态。人工构造的假山所形成的断岩陡壁、台地陡坡能够实现水流层次感，形成跌水或者瀑布等景观。跌水和瀑布的最终形态取决于水流经过的物体，以及落水的角度和速度的缓急。水帘形式多用于台阶和低矮的墙壁，犹如“水风琴”

一般，给人带来静谧、舒适、雅致的感受。

瀑布在庭院应用中一般都是小型人造瀑布，主要是利用假山和砌石而形成。《作庭记》中把人工瀑布分为“向落、片落、传落、离落、棱落、丝落、左右落、横落”等形式，它们展现了不同的风貌。人工瀑布依照自然形成瀑布的跌落形式可分为：幕布式、滑落式、丝带式、阶梯式等。要避免用表面平滑的花岗岩作为瀑布的石材，落水处的石材也要进行合理的选择，防止长时间的水流冲刷而出现危险状况。渗水是常见而棘手的问题，所以在设计初期就需要考虑防渗水措施，可以采用防渗混凝土。虽然庭院中的人工瀑布远没有自然界中的瀑布那样壮观伟岸，但是瀑布水流的缓急宽窄会带给人们千差万别的视觉和听觉效果。闭着眼睛听着水流撞击的声音，想象着李白的“飞流直下三千尺，疑是银河落九天”，也别有一番味道。

图4-32　日式别墅庭院的叠水

4）以喷水为主的水景造型

喷水最主要的表现形式之一就是喷泉。喷泉的形态婀娜多姿，变化万千，将其应用于庭院，投射出整个庭院的活力和生命气息。喷泉喷射出的水柱纤细而优美，这种水景艺术时而内敛、时而奔放，形成明快爽朗的气氛。水柱与空气的分子强烈碰撞，提高了空气中负氧离子的含量，减少灰尘，增加了空气湿度，使环境温度下降。喷泉的种类繁多：装饰性喷泉、钟铃式喷泉、容器式喷泉、小品泉、浮动喷泉、旱喷泉、叠泉、音乐喷泉等。别墅庭院中人工构造的喷泉尺度都较小，注重精致，钟铃式喷泉和容器式喷泉是最适合的。钟铃式喷泉精巧而安静，适合无风且空间有限的水面。喷水的样式在于选择不同的喷头，比如传统型、花洒型、半球型、郁金香型等。安静的小角落的最佳选择是容器式喷泉，宁静致远，顺着涓涓的水流，若隐若现地藏匿在植物丛中。园艺市场中令人眼花缭乱的成品容器式喷泉可供业主根据自己的喜好选择。置身于水景角落，鼻中闻香，耳中闻声，能给庭院生活带来不少情趣。如图4-33所示，涌泉点景让花园有声有色。

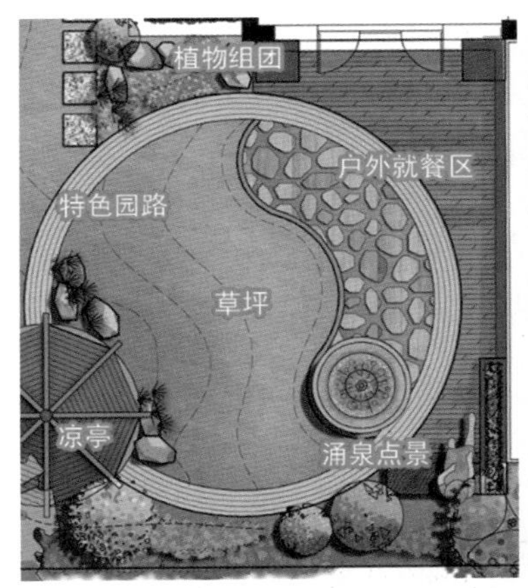

图4-33 唐郡别墅庭院的涌泉点景

四、植物配置

1. 庭院植物概述

庭院的绿化设计不同于其他形式的绿地景观，别墅庭院是一处精致的园林景观，无论是地理位置或是景观要素的要求均高于一般的城市绿地，在植物配置上表现为精雕细琢，注重从细节着手，什么地方种什么树，规格多大，花色如何均有严格控制，甚至精细到每株花草的前后错落搭配，所以说庭院绿化就如同创作一幅精致的“工笔画”，每一笔、每一画都是有讲究的。

植物配置最基本的原则是：乔木、灌木、地被、草坪多层次绿化，如图 4-34 所示，常绿植物与落叶植物搭配，优先选择开花植物，同时需要兼顾植物的树形美、色彩美、花香及果实观赏性。庭院面积一般较小，植物种类不在多，而在于有主次，即选用一到两种树为主景树（基调树），再选几种中型植物作为搭配，下层搭配一些主人喜爱的观花、观果类小灌木或宿根、球根花卉。有时也有必要选择一两株植物作为庭院植物特色展现，如一株紫薇古树、造型优美的罗汉松或是一株高大的挂满果实的香泡树等，使庭院植物设计不但整体出色，而且不乏个性与亮点。另外一个重要原则是：适地适树，充分考虑功能和空间环境，有意识地选择我国居民喜爱的传统庭院树种。庭院绿化需考虑空间、功能的不同选择适宜的树种，如靠窗户处最好选用中型落叶植物，不至于阻挡室内通风采光，同时从室内感受植物一年四季的生命轮回也别有一番意境；在靠围墙的一侧，植物可以以常绿为主，且适当密植，以隔离外界噪声，营造私密性环境。我国居民有庭前植桂、池旁植柳的传统，喜爱“玉堂春富贵”式有吉祥寓意的植物种植于庭院中。另外一些具有高贵气节的植物，如有“花中四君子”之称的梅兰竹菊可寄托园主人的品格与气质。

2. 庭院入口绿化设计

入口景观对庭院景观来说有着非同寻常的意义。庭院入口作为展现庭院景观的窗口，务必做到精致化与个性化。庭院入口意味着到家了，植物绿化设计应该体现家的特征，体现亲切与温馨，使居住者获得归属感和安全感。如图 4-35 所示，在围墙外侧设置绿篱或种植简单的植物，一定程度上起到了边界与分隔外界的作用。常见的绿色屏障既起到与其他庭院的分隔作用，对于家庭成员来说又起到暗示安全感的作用，初步实现了自家庭院空间的界定，并获得了相关的领域感，但缺乏识别感和精致化。别墅庭院的入口景观应该精致而独特，选择具有优美树形和特定的色彩质感的植物树种，易于区别周围环境，表现良好的可识别性和亲切感，营造印象深刻的入口景观，使居住者在回家的路上就能不断浮现自家院落入口的样子，开始设想家人在做什么，有什么可口的饭菜在等待自己，或者回味着紫藤树下品茶阅读时的惬意，体现良好的家庭归属感和温馨的生活氛围。

图4-34　太仓某别墅庭院的植物组团

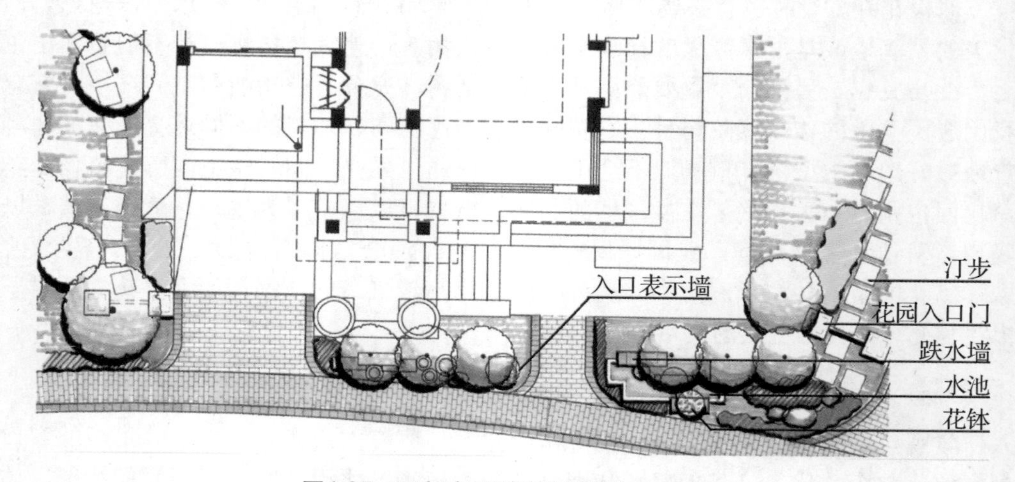

图4-35　西郊庄园别墅庭院的入口设计

3. 主庭院绿化设计

主庭院绿化设计时，应首先根据当地气候环境确定一两种植物为主景树，再选择两到三种为配景树，树种选择要与庭院整体风格和住宅建筑风格相协调。植物配置要季相分明、层次清晰、形式简洁，充分利用地形地貌搭配植物，如在地形高处种植高大主景树，下层配置开花灌木及地被或草坪。主庭院绿化需重点考虑以下几个方面。

（1）表现时序景观：庭院是个小型的绿地系统，使用者希望体验到景观一年四季的变化，感受生命轮回更替，而不是一成不变的。春生夏长秋实冬藏，春季繁花似锦，夏季绿树成荫，秋季硕果累累，冬季枝干苍劲，如图 4-36 所示，这种盛衰荣枯的生命节律正是植物景观所具备的独特魅力，也为展示庭院景观的时序性提供了条件。表现好植物景观的时序性，关键是掌握植物生长发育的规律和不同季节最具观赏性的特征，如香椿树、花叶杞柳早春新叶（芽）观赏性极佳；梅花、碧桃、樱花之类优良花木以花姿取胜；银杏、枫树、红枫等秋色叶树种则以叶片的色彩美见长；石榴、苹果树及芸香科植物以其累累硕果深受人们喜爱；冬季落叶树枝干的苍劲萧瑟也是一种独特的美。所以在主庭院植物配置时，应有意识有目的地搭配各季节树种，使得每个季节至少有一两种植物处于最佳观赏期，四季花开不断，色彩斑斓变幻。居住者会在领略了蜡梅的幽香之后开始期待桃花的浓妆妖艳、早樱的清新优雅，再是万物的争先吐绿，开枝散叶，直至秋叶浸染了色彩，入冬后树叶随风飘落，寂静地储存生命的光和热，等待来年的萌发。

图4-36 不同时序性的植物

（2）营造庭院观赏景点：植物作为极佳的景观元素，既可以通过孤植展现个体的独特风姿，又可以按照一定的构图方式，如乔—灌—地被—草组合成景，表现植物的群落美。乔木中的香泡、合欢，亚乔木的大桂花、大玉兰树或是大规格的早樱均很适合庭院孤植，构成庭院主景。碧桃、紫薇、海棠等适宜组团种植方式表现群体美，银杏、枫树为背景树，中层种植桂花、枇杷，前景为毛鹃球、檵木球等花灌木，下层种植多年生开花地被，如此多层次的植物配置表现的群落结构，不但具有良好的观赏性，还能发挥生态功能。如图 4-37 所示为常见的观赏植物，即萱草、石蒜、五彩石竹、长春花、地被菊、麦冬、红花酢浆草、洒金珊瑚和紫苑。

图4-37　观赏性植物

（3）创造景观意境：私属庭院的植物景观配置不仅仅是为了构成景色供人观赏，还可以寄托志向气节、抒发情感情操。我国传统植物配置提倡师法自然而不拘泥于自然的“写意”，写意是景观设计师与业主交流后的情感拓展，这个时候植物材料不单单是景观实体元素，更是承载道德品质、情操的载体。古人把植物分成三类：一是品德赏颂型，如松、柏、竹、樟、槐、女贞等；二是诗赋雅趣型，如梅、木兰、桃李、杜鹃、迎春、海棠、茶花、牡丹、紫薇、桂花、芍药、木芙蓉、蜡梅、菊花等；三是形实兼丽型，如枇杷、石榴、柑橘、香泡树等。庭院绿化设计通过植物进行意境创作，从植物的形状、香味和风姿中领略其神韵，从欣赏植物的形态美升华到欣赏植物的意境美，表现主人节操、气质，达到天人合一的境界。

五、景观小品

别墅庭院景观中的小品是指假山、凉亭、花架、雕塑、桌凳等各种在庭院中可摆设的物品，如图 4-38 所示。这些物品一般体量都很小，但在庭院中却能起到画龙点睛的作用。这些小品可把周围环境和景色组织起来，使庭院的意境更生动，更富有诗情画意。无论是依附于景物的小品还是相对独立的小品，应经艺术加工、精心琢磨，才能适合庭院特定的环境，形成剪裁得体、配置得宜、相得益彰的园林景致。从塑造环境空间的角度出发，将这些小品巧妙地用于组景，以达到提高整体环境与小品本身鉴赏价值的目的。

图4-38　西郊庄园别墅庭院的景观小品

1. 庭院山石

山石是重要的园林造景要素，在我国古典私家园林造景中有“园可无山，不可无石”，“石配树而华，树因石而坚”的说法，由此可见石材在庭院造景中的重要性。现代别墅庭院由于面积有限，不太可能设计传统意义上的“山”，所以本文所指的“庭院山石”可以理解为石材应用，主要表现为假山、景观置石两种类型。

庭院中如果选择设计假山的话，首先要注意假山尺度要与庭院面积相适宜，不宜太大也不宜太小：太大会使整个庭院空间压抑和闭塞，让居住者感到不舒服；太小则显得可有可无，不能形成醒目的园景。假山石块不能太小，以避免使假山整体显得很碎，仿真度降低，如此一来不但不能成为一处亮点景观，反倒会使整个庭院景观骤然失色。假山的位置选择不是很严格，一般选择布置在住宅的两侧，而较少选择布置于住宅正前方。常用叠山石材有天然石料和人工塑石两种。天然的山石材料主要有湖石（常用的有南湖石即太湖石、北湖石即房山石两种）、黄石、青石、石笋等。另一种是用水泥砂浆、钢丝网作材料，人为地模仿天然石料造型而组合的假山，称“塑石假山”。别墅庭院景观选材通常讲究“货真价实”，一般不会采用人工塑石为材料，而较多地选择太湖石、黄蜡石等高档石材为主；塑石较多地用于城市绿地中的大型假山的建造。通常假山石材的选择应主要从庭院风格和建筑风格综合考虑，如果住宅建筑是仿中式古建风格，假山石材应以湖石、石笋最合适；对于住宅建筑色彩活泼的庭院，以黄石为假山石材更为恰当。总体来说，湖石、石笋、青石更适合用于建筑色彩以黑白灰为主的素雅风格，而黄石假山更适用于建筑色彩明亮的庭院环境中，如图 4-39 所示。

图4-39　伊莎士花园的假山造型

1）堆叠山石的要点

（1）山石的选用要符合总体布局的要求，要与整个地形、地貌相协调。山石的用料和做法实际上表示一种类型的地质构造。在被土层、砂砾、植被覆盖的情况下，人们只能感受到山林的外形和走向。

（2）不要多种类的山石混用，因为在堆叠时，很难做到质、色、纹、面、体、姿的协调一致。

（3）山石的堆叠造型，有传统的“山石张”十大手法，即安、接、跨、悬、斗、卡、连、垂、剑、拼。此外，应该注重崇尚自然，符合自然规律，朴实无华，尤其是采用千层石、花岗石的地方，要求的是整体效果，而不是孤石观赏。同时，整体造型也要高度概括提升，从而突出叠石的意境。如图4-40所示，为英石材质假山堆叠造型，形成层层跌水。

图4-40　英石材质假山的堆叠造型

（4）假山基础的设计和选用。安全是假山堆叠中第一要点。孤赏石、山石洞壑由于荷重集中，要注意其基础的牢固性。山石瀑布如造于老土上，可在素土、碎石夯实的基础上，捣筑一层钢筋混凝土作为基础；如瀑布石景造于新堆土山之上，则要注意防止因沉降而产生裂隙，因漏水而使水土被冲刷逐渐变形失真，产生危险。

（5）真材、假料配合的造型设计，不失为一种良策、一种革新。尤其在施工困难的转折、倒挂处，在人接触不到的地方，使用人造假山，往往可以少占空间、减轻荷重，同时确保整体效果良好。

（6）山石是天然之物，有自然的纹理、轮廓造型，质地纯净，朴实无华，但是属于无生命的建材一类。因此，山石是自然环境与建筑空间的一种过渡、一种中间体。虽说“无园不石”，但只能用山石进行局部点缀、衬托，切勿滥施，失去造园的生态意义。

2）庭院堆山基本手法

假山之造型，宜虚实得体。别墅庭院堆山应该达到实而不闷、虚而不空的效果。例如，苏州怡园的假山，有峰峦之感，也有洞壑之意；苏州环秀山庄的假山，其中虚实之处理恰到好处，可谓佳作。

（1）选石：艺术之法则，其首条便是“变化与统一”。别墅庭院假山石质亦要统一，例如，黄石、湖石不能混用。若再细分，按照《园冶》之九“选石”记载，则有太湖石、昆山石、宜兴石、龙潭石、灵璧石、砚山石、英石、黄石等，要求石质统一且出于自然。同时，造型变化要符合艺术规律。

（2）造型：所谓假山，其实不假，其气质甚至胜出真山。人说“风景如画”，意谓画之景可以取舍，胜于真实风景，其理一样。若假山堆叠不当，则很难有好的效果。假山造型，轮廓线须有变化，变化中又须求得均衡。“山不在高，贵有层次”，堆山要想堆出层次感，最关键的是峰峦要立体布局，产生前后掩映，从而表现出“崇山峻岭”之感。扬州个园之秋山，可谓黄石假山之上品，实而不闷，高峻而又奇险。

（3）险峻：假山仿真山，仿的是气质，不是做真山的模型。要去其糟粕，取其精华。真山之美，一在巍峨雄健，二在险峻挺拔。假山虽小，但其姿态气质不亚于真山之雄伟和奇险。要做到险峻之势，有一个办法是其下部宜小不宜大，宜空透不宜闭实。有的假山不好看，其中一个原因就是山的下部太肥太闷，缺乏险峻之感。

（4）意境：人常言泰山以雄著称，黄山以奇著称，华山险，峨眉秀，庐山迷，审美特征不同。假山是一种艺术，其意境应当是山。山之意境有不同的类别，假山亦然。如图 4-41 所示，山石与水相结合，寓意山水相连。

图4-41　山石与水相结合的造型

2. 园亭设计

这里的园亭，是指别墅庭院中精巧细致的小型建筑物。通常可分为两类。一是供人休憩观赏的亭。《园冶》中说:“亭者，停也。所以停憩游行也。”说明园亭是供人歇息休憩的地方。二是具有实用功能的储物木屋、阳光温室等。园亭主要用于面积在 500m^2 以上的庭院。

1）位置的选择

别墅庭院中设置园亭，首先要处理好位置。园亭要建在庭院景致好的地方，如图 4-42 所示，使入内歇足休息的人有景可赏，留得住人；同时更要考虑建亭后成为一处园林美景，因为亭是园中“地标”之物，所以多设在视线交会处，亭在这里往往可以起到画龙点睛的作用。《园冶》中有一段精彩的描述：“花间隐榭，水际安亭，斯园林而得致者。惟榭只隐花间，亭胡拘水际，通泉竹里，按景山颠，或翠筠茂密之阿，苍松蟠郁之麓；或借濠濮之上，入想观鱼；倘支沧浪之中，非歌濯足。亭安有式，基立无凭。”如苏州网师园，从射鸭廊入园，隔池就是“月到风来亭”，形成构图中心。又如拙政园水池中的“荷风四面亭”，四周水面空阔，在此形成视觉焦点，加上两面有曲桥与之相接，形象自然显要。又如沧浪亭，位于假山之上，形成全园之中心，使“沧浪亭”名副其实。此外，拙政园中的绣绮亭、留园中的舒啸亭，上海豫园中的望江亭等都建于高显处，其背景为天空，形象显露，轮廓线完整，甚有可观性。

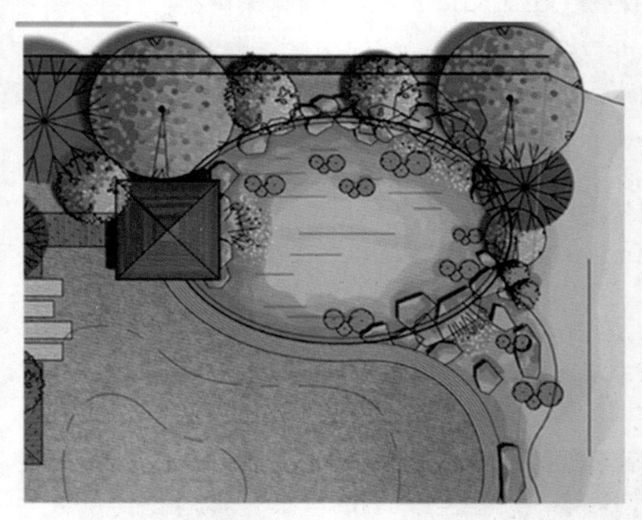

图4-42 凉亭与湖景相结合

2）风格的选择

别墅庭院的园亭按照不同的分类，风格迥异：传统或是现代，中式或是西洋，自然野趣或是奢华富贵……即使同种款式中，其大小、形式、繁简也有很大的不同，如图 4-43 所示。例如，同是植物园内的中国古典园亭，牡丹园和槭树园不同：牡丹亭重檐起翘、大红柱子，槭树亭白墙灰瓦足矣，这是因其所在的环境气质不同而异；同是欧式古典圆顶亭，高尔夫球场和私宅庭院的大小有很大不同，这是因其所在环境的开阔度不同而异；同是自然野趣，水际嬉鱼和树上观鸟之亭不同，这是因其环境的功能要求不同而异。另外，所有的形式、功能、建材是在演变进步之中的，常常是相互交错的，必须着重于创造。

图4-43 不同风格造型的凉亭

3）平立面的考虑

别墅庭院内的园亭虽然体量小，但平面通常非常严谨。按照园亭平面的边数计，自点状伞亭起，三角、正方、长方、六角、八角以至圆形、海棠形、扇形，由简单而复杂，基本上都是规则几何形体或规则几何形体的组合变形。根据这个道理，可构思其他形状，也可以和其他园林建筑如花架、长廊、水榭组合成一组建筑。园亭的平面组成比较简单，除柱子、坐凳（椅）、栏杆，有时也有一段墙体或桌、碑、井、镜、匾等。

相对于园亭的平面，其立面则因款式的不同有很大的差异。但有一点是共同的，就是内外空间相互渗透，使立面显得开畅通透。个别有四面装门窗的，如苏州拙政园的塔影亭，说明其功能已逐渐向实用方面转化。园亭的立面可以分成多种类型，这是决定园亭风格的主要因素，如中国古典、西洋古典传统式样都有程式可依，但是施工十分繁复，现代风格园亭则具有平顶斜坡、曲线等各种新式样。屋面变化可以多一些，如做成折板、弧形、波浪形或用新型建材、瓦、板材，或者强调某一部分构件和装修来丰富园亭外立面，如图 4-44 所示。

图4-44 不同风格造型的园亭

3. 庭院花架

一提起花架，很容易联想到宅前屋后的豆棚瓜架。而别墅庭院内的花架，有两方面作用：一方面供人歇足休息、欣赏风景；另一方面创造攀缘植物生长的条件。因此可以说花架是最接近于自然的园林小品了。一组花钵，一座攀缘棚架，一片供植物攀附的花格墙，一个用竹子编成的葡萄天棚，甚至是沿高层建筑的屋顶花园，往往物简而意深，与庭院其他元素形成互相渗透、浑然一体的效果。

1）庭院花架设计要点

（1）要把花架作为一件艺术品，而不单作为构筑物来设计，使花架无论在绿荫掩映下还是在落叶之后都要好看、好用，因此应注意比例尺寸、选材和必要的装饰。花架体型不宜太大，太大了不易做得轻巧，太高了不易荫蔽而显空旷，同时整体风格尽量接近自然。

（2）花架的四周一般都较为通透开敞，除了做支撑的墙、柱，一般没有围墙、门窗。花架的上下（铺地和檐口）两个平面也并不一定要对称和相似，可以自由伸缩，相互引申，使花架置身于园林之内，融汇于自然之中，不受阻隔。

（3）根据攀缘植物的特点、环境来构思花架的形体；根据攀缘植物的生物学特性，来设计花架的构造、材料等。一般情况下，一个花架配置一种攀缘植物，也可配置 2 ～ 3 种其他植物相互补充。各种攀缘植物的观赏价值和生长要求不尽相同，设计花架前要有所了解。

2）常见花架类型

（1）双柱花架，如图 4-45 所示，好似以攀缘植物做顶的休憩廊。值得注意的是，供植物攀缘的花架板，其平面排列可等距，也可不等距；其立面也不一定是直线的，可曲线、折线，甚至由顶面延伸至两侧地面。

图4-45　双柱花架

（2）单柱花架，如图 4-46 所示，当花架宽度缩小，两柱接近而成一柱时，花架板变成中部支撑，两端外悬。为了整体的稳定和美观，单柱花架在平面上宜做成曲线、折线型。

（3）各种供攀缘用的花墙、花瓶、花钵（见图 4-47）、花柱。

3）常用的花架建材

花架的建造在我国 18 世纪末《工段营造录》中有记载：“架以见方计工。料用杉槁、杨柳木条、薰竹竿、黄竹竿、荆笆、花竹片。”这些材料现已不易见到，但为追求某种意境、造型，可用钢管绑扎或混凝土仿做上述自然材料。现在也流行用处理过的木材做材料，以求真实、亲切，或采用混凝土材料。基础、柱、梁皆可按设计要求，唯花架板因量多距离近，且受木构断面影响，宜用光模、高标号混凝土一次捣制成型，以求轻巧坚挺。还有金属材料，常用于独立的花柱、花瓶等，造型活泼、通透、多变、现代、美观，但需要经常养护油漆，且阳光直晒下温度较高。而玻璃钢等新材料，常用于花钵、花盆。

图4-46 单柱花架

图4-47 不同形式的花钵

4. 庭院围墙

庭院围墙有两种类型，一是作为庭院周边的分隔围墙，二是园内划分空间、组织景色、安排导游而布置的围墙，这种情况在中国传统园林中经常见到。随着社会的进步，人们物质文化水平提高，“破墙透绿”的例子比比皆是，这说明对围墙的要求正在起变化。

1）庭院园林围墙设计要点

（1）能不设围墙的地方，尽量不设，让人接近自然，爱护绿化。

（2）能利用空间的办法、自然的材料能达到隔离的目的，尽量利用。高差的地面、水体的两侧、绿篱树丛（见图 4-48），都可以达到隔而不分的目的。

图4-48　舟山中恒・倚山艺墅的绿植分户墙

（3）要设置围墙的地方，能低尽量低，能透尽量透，只有少量须掩饰隐私处，才用封闭的围墙。

（4）使围墙处于绿地之中，成为园景的一部分，减少与人的接触机会，由围墙向景墙转化。善于把空间的分隔与景色的渗透联系统一起来，有而似无，有而生情，才是高超的设计。

2）庭院围墙材料选择

（1）砖墙：墙柱间距 3 ～ 4m，中开各式漏花窗，是节约又易施工、管养的办法。缺点是较为闭塞。

（2）混凝土围墙：一是以预制花格砖砌墙，花型富有变化但易爬越；二是混凝土预制成片状，可透绿也易管养。混凝土墙的优点是一劳永逸，缺点是不够通透。

（3）金属围墙：以型钢为材的，表面光洁，性韧易弯，不易折断，缺点是每 2 ～ 3 年要油漆一次；以铸铁为材的，可做各种花型，优点是不易锈蚀、造价不高，缺点是性脆、光滑度不够。订货时要注意所含成分。还有锻铁、铸铝等材料以及各种金属网材，如镀锌、镀塑铅丝网、铝板网、不锈钢网等，质优而价高，局部花饰或室内使用。

现在往往把几种材料结合起来，取其长而补其短。混凝土往往用作墙柱、勒脚墙，取型钢为透空部分框架，用铸铁为花饰构件，局部、细微处用锻铁、铸铝，围墙是长型构造物。长度方向要按要求设置伸缩缝，按转折和门位布置柱位，调整因地面标高变化的立面；横向则涉及围墙的强度，影响用料的多少。利用砖、混凝土围墙的平面凹凸、金属围墙构件的前后交错位置，实际上等于加大围墙横向断面的尺寸，可以免去墙柱，使围墙更自然通透，如图 4-49 所示。

图4-49 成都青城山高尔夫别墅特色围墙

5. 庭院栏杆

栏杆在绿地中起分隔、导向的作用，使绿地边界明确清晰，设计出色的栏杆，很具装饰意义，就像衣服的花边一样。栏杆不是主要的园林景观构成，但是量大、长向的建筑小品，对园林的造价和景色有不少影响，要仔细斟酌推敲才能落笔生辉。如李渔所言："窗栏之制，日新月异，皆从成法中变出，腐草为萤，实且至理，如此则造物生人，不枉付心胸一片。"

1）栏杆的高度

一般低栏高度为 0.2 ～ 0.3m，中栏高度为 0.8 ～ 0.9m，高栏高度为 1.1 ～ 1.3m，要因地按需而定。随着社会的进步，人们的精神、物质水平提高，更需要的是造型优美的导向性栏杆、生态型间隔，切不要以栏杆来代替管理，使绿地空间被分开。在能用自然的、空间的办法达到分隔的目的时，尽量少用栏杆，如用绿篱、水面、山石、自然地形变化等。一般来讲，草坪、花坛边缘用低栏，明确边界，也是一种很好的装饰和点缀；在限制入内的空间、人流拥挤的大门、游乐场等用中栏，强调导向；在高低悬殊的地面、动物笼舍、外围墙等用高栏，起分隔作用。

2）栏杆的构图

栏杆是一种长形的、连续的构筑物，因为设计和施工的要求，常按单元来划分制造。栏杆的构图要单元好看，更要整体美观，在长距离内连续地重复，产生韵律美感，因此某些具体的图案、标志，例如动物的形象、文字往往不如抽象的几何线条组合给人的感受强烈。

栏杆的构图还要服从环境的要求。例如桥栏，平曲桥的栏杆有时仅是两道横线，与平桥造型呼应，而拱桥的栏杆是循着桥身呈拱形的。栏杆色彩的隐现选择也是同样的道理，绝不可喧宾夺主。栏杆的构图除了美观外，也和造价关系密切，要疏密相间、用料恰当，每单元节约一点，总体相当可观。如图 4-50 所示，古朴的木质网片，造型精美。

3）栏杆的设计要求

低栏要防坐防踏，因此低栏的外形有时做成波浪形的，有时直杆朝上，只要造型好看，构造牢固，杆件之间的距离大一些无妨，这样既省造价又易养护。中栏在须防钻的地方，净空不宜超过 14cm；在不须防钻的地方，构图的优美是关键，但这不适于有危险、临空的地方，尤其要注意儿童的安全问题。此外，中栏的上槛要考虑作为扶手使用，凭栏遥望，也是一种享受。高栏要防爬，因此下面不要有太多的横向杆件。

图4-50 木质围墙

4）栏杆的用料与构件

栏杆用料，石、木、竹、混凝土、铁、钢、不锈钢都有，现在最常用的是型钢与铸铁、铸铝的组合。竹木栏杆自然、质朴、价廉，但是使用期不长，如为了强调意境，而采用这种真材实料，注意要经防腐处理，或者采取“仿”真的办法。混凝土栏杆构件较为拙笨，使用不多，有时作栏杆柱，但无论什么栏杆，总离不了用混凝土作基础材料。铸铁、铸铝可以做出各种花型构件，美观通透，缺点是性脆，断了不易修复，因此常常用型钢作为框架，取两者的优点而用之。还有一种锻铁制品，杆件的外形和截面可以有多种变化，做工也精致，优雅美观，只是价格不菲，可在局部或室内使用。除了构图的需要，栏杆杆件本身的选材、构造也很考究。一是要充分利用杆件的截面高度，提高强度又利于施工；二是杆件的形状要合理，例如二点之间，直线距离最近，杆件也最稳定，多几个曲折，就要放大杆件的尺寸，才能获得同样的强度；三是栏杆受力传递的方向要直接明确。只有了解一些力学知识，才能在设计中把艺术和技术统一起来，设计出好看、耐用又经济的栏杆来。

景观小品具有精美、灵巧和多样化的特点，设计时要注意选择合理的位置和布局，做到巧而得体，精而合宜；根据自然景观和人文风情，进行庭院小品的设计构思，充分反映景观小品的特色，把它巧妙地熔铸在庭院景观造型之中。此外，木材制品在别墅庭院中可以说起着点睛的作用，户外家具、花槽、花架、秋千椅、围栏等，无论用在庭院中的任何角落，都会给人创造出一种温馨、舒适、自然、和谐的氛围，满足人们回归自然的美好愿望。在满铺鹅卵石的庭院中，摆放一张造型简洁的木桌椅，可以令人完全融入自然的氛围中。木质桌椅的色彩比较丰富，有原木色、白色、绿色等，宜与整体庭院风格相搭配。

六、景观照明

1. 别墅庭院照明设计手法

当黎明的第一束光照在地面上，意味着太阳升起，庭院中所有物体和其周围环境在阳光下清晰可见，花园中精致的铺装、雕塑小品、绿植花草也显得生机勃勃。可当夜晚降临，朦胧的月光洒落在庭院中，就需要灯光来照射我们想要看见的地方，适宜地布置照明光源，就可以舒适地在庭院中享受奇妙夜景。采用合理的照明设计手法，可以帮助我们创造独特迷人的夜晚庭院景观。

1）泛光照明

泛光照明（flood lighting）也称为立面照明或投光照明。泛光灯源会安置在离照明对象较远的地方，把光投射在立面或者照明对象上，如图 4-51 所示。其投光重点是把对象的轮廓及外观造型清晰地表现出来。在庭院照明中，泛光照明主要应用在别墅建筑物造型较为独特的地方，或者庭院中的廊、桥、雕塑小品、水景和树木等。在希望既能照亮被照对象的全景，又能突出精彩局部细节的时候，就可以采用泛光照明手法。

图4-51 墙面泛光照明

2）轮廓照明

近年来，建筑或轮廓突出的物体大多采用投射灯或顶棚灯进行照明。照明技术日益发展，一种较为新颖的照明手法——轮廓照明随之出现。轮廓照明，顾名思义，就是利用光源将被照明对象的外部轮廓线展现出来。一种是通过外部光源照亮，如图 4-52 所示，另一种是在照明对象轮廓线内侧安装嵌入式灯具进行照明。这两种照明效果各有特点，而在庭院照明中常用的主要是串灯、光带和光纤。

图4-52 墙面轮廓照明

串灯最常见的装饰作用是挂在树上突出树体轮廓。将串灯缠绕在树干和树枝上，灯亮时就能把树体的轮廓勾勒出来。在轮廓照明技术逐步更新下，出现了一种隐蔽性更强的光纤轮廓照明，电导体在板状的绝缘塑料管内，可以安装在平面上。有的光带体积非常小，外面套着透明的塑料管或金属贴，能够安装在较为隐蔽的地方。光纤灯适宜用于室外空间，它有着较高的安全性、灵活性，色彩较为丰富，使用寿命长等优势。

现今，光纤被看作现代装饰照明的最为理想的材料。光纤照明可塑性极强，可以创造出多彩多姿的效果，不仅可以在大型公共空间使用，在别墅庭院中也是很不错的照明工具。目前，光纤照明装饰较多地使用在水景的轮廓照明和复杂水景组合的重点照明。

总之，轮廓照明不仅仅可以用于观赏乔木的装饰，还可以用于凉亭或花架的装饰。一方面可以突出建筑物的轮廓，另一方面也为建筑物的内部空间提供了柔和的灯光。

3）层叠照明

层叠照明（cascade lighting），就是可以选择一层光源照射或者多层光叠加照射所达到的照明效果，可以营造一种微妙、动人的氛围。想突出表现的对象可以采用多层光照射，而作为背景的景观可用淡淡的一层光漫射，目的是照亮一些有意思的区域而让其他区域置于阴影中，创造一种奇妙的深度感和尺度感。

4）月光照明

月光照明（moon lighting）属于庭院照明方法的一种。这一名词来源于对明亮的满月照亮庭院空间的幻想。夜晚的月亮照亮空间，给人一种静谧、宁静的感觉。月光照明就是将灯光布置在高处，比如安置在大乔木上，向下照射，像月光一样，照在地面上形成斑驳摇曳的树影。这种照明方式被视为庭院照明设计中最令人兴奋的设计手法。灯具安装在树枝之间，沿道路和花池创造灯光斑驳的光影效果，这种手法与传统的庭院照明方法截然不同。

传统的庭院照明方式是使用灯笼、杆灯和宝塔式的灯具照亮门廊或道路。这些灯具放出团状的光，无法照亮道路和植物，却将人的所有注意力吸引到灯上，掩盖了景观特色，压倒了建筑的细节。而月光效果是选择封闭的低压光源照亮道路和其他特色部分，创造出一种超越自然的、月光照耀一般的室外空间。

月光照明不仅可以在立面使用，也可以用壁灯或者安置在上方的射灯照射处于低处的植物、盆栽，在地面上形成斑驳的阴影，丰富园路和庭院的铺装，使之更有情趣。还有一种较为新奇的剪影照明方法，在篱笆、凉棚或花架上安装隐蔽的点射灯，使光线透过植物在小路或露台上形成丰富的阴影。

5）景框照明

大部分时间，居住者晚上回到家中，通常会选择在室内欣赏室外空间。这样窗户就变成了画框，装饰着室外的景色，就好像它是艺术品一样，我们把这种照明方法称为景框照明。

能够创造出灵动鲜活的画面效果的照明方式即为恰当的庭院照明方式。不恰当的庭院照明会产生黑镜子效果，使我们在夜间透过窗户无法看到室外的景象。若室外的亮度水平大于或等于室内，就可以避免这种情况的发生。否则就得使用投光灯照亮室外，那样的话会使景观变得十分平淡。

规划景框照明设计的第一步是决定夜晚透过窗户你想看到什么。白天仔细观察室外花园，透过每个窗户选择最好的部分，作为目标来创造纵深和空间的效果。可以选择靠近窗户的树枝进行向上打光，一些绿色的植物可以用安装在树上的灯具照亮，远处形体美观的树木可以重点照亮。这种照明方式如同绘画一样，画框装裱着美丽的画面。

6）剪影照明

剪影，就是突出物体外观轮廓形态，而剪影照明就是通过光源的放置位置表现被照对象的外部轮廓。在庭院花园中，剪影照明可以最大限度地发挥树木的景观效果，同时还可将喷泉形成的水花也形成投影。更多的是选择造型独特的植物采用剪影照明手法，这样植物的轮廓可以映射在墙面上，如同木偶戏一般，很有戏剧效果。

2. 别墅庭院基本照明方式

1）入口照明

入口是连接室内外的地方，在这里要欢迎家人归来，迎接客人光临，也是庭院与别墅建筑的连接处。入口的照明之所以重要，是因为这是家与外界的分割处，而此处的照明可以给归来的家人和前来的客人舒心温暖的感受。作为迎客灯的光源选择暖色光比较适宜。同时，为了避免入口处过于黑暗，使人感到不适，最好采用带有传感器的自动开关类型灯具，一旦有人站在门外，迎客灯即可自动点亮。另外，注意通往入口处通道上照明的设计，其重点在于引导人们走向门口，如图 4-53 所示。

需要注意的是，入口灯具的选择，方法是可以用纸板做成不同尺寸的模型，把它们放在安装的具体位置进行比较，确定灯具的大小。这里应特别强调的是，人们常常犯的错误往往是选择的灯具尺寸太小。

图4-53 现代别墅的入口照明

2）台阶和园路照明

台阶和园路属于庭院的交通空间，有着在庭院中通行交往的功能，也有着通过铺装来装饰庭院的功能。当然，最重要的还是其交通功能，在夜间，人走在台阶和园路上要能看清楚脚底的台阶和路。对于其照明设计，满足人们看清楚的照度是必要的，其次也要让灯具不影响路面效果，最好是可以为庭院空间增添美感。

台阶照明除了考虑安全性的问题外，也要兼顾审美效用。通常可以采取以下几种方式：第一种是借助于台阶附近的平台或高大的建筑物、树木等，把灯具安装在上面，采用下射照明；第二种是借助于台阶旁边的墙壁安装壁灯，向下照明，可以照亮台阶和园路，如图 4-54 所示，不仅丝毫不会影响其交通功能，还会更清晰地展现台阶精细的造型；第三种是利用轮廓照明的方法，把灯具隐藏在台阶前部的灯槽中，让人们只能感受到光带来的恰如其分的明亮；四是可以在台阶两边的侧墙上对台阶进行侧光照明；第五种是使用嵌入式灯具，安装在台阶旁边的墙壁内，为楼梯空间提供横向照明，不仅解决了行走的亮度问题，还可以凸显墙面和台阶的质感和色彩；第六种是在台阶两边没有侧墙，最好在两侧采用漫射灯照明。

此外，台阶照明应该遵循一个原则，那就是照明保持一致性，同时照亮台阶的平面和竖面，避免上一级台阶的阴影落到下一级台阶；而对于有扶手的楼梯，要避免在扶手上产生眩光，给上下楼的人造成不适感。

图4-54　池塘边的台阶照明

大多数情况下，台阶照明的原则与园路照明原则是相通的。考虑到园路照明的范围要比台阶广，可以使用砖灯和蘑菇灯来进行照明。如果路面较宽，流通面积较大，也可以采用局部照明技术。并且，园路照明的亮度要比台阶低，灯具布置的一致性不加强调。因为这样处理灯光，可以避免笔直的园路因灯具的规则布置而无趣。我们通常根据园路的形式来采用相应的灯具布置方式，使庭院风格协调统一。

3）车道照明

对于车道的照明，亮度要求特别高，并且提供光源的灯具的位置要较为隐蔽。在进行照明设计时，可以利用车道两旁植物和观赏小品的照明辅助照明，需要安装功率较大的高杆柱灯，但是要注意柱灯的造型，不仅是为了提供亮度，更是为了在白天展现优美别致的造型，只有这样的灯具才更有价值和意义。

4）建筑物照明

别墅庭院中的建筑造型也都较为个性化，造型别致，各具特色。在夜晚，也要有选择地进行布光，装饰室外空间，既可作为庭院背景，也可强调房屋结构和建筑特点作为视觉重心。根据建筑物的造型，可以使用泛光灯带来整体亮度，再使用局部照明突出细部结构。对于灯光色彩的选择，我们不仅可以根据建筑及其周围整体环境，也可以根据不同的场景需要来设置色彩。

5）植物照明

白天自然光下的植物，不仅整体看上去养眼，也凸显了其自然环境以及树荫的润泽。到了夜里，黑暗中的植物则给人带来不安的阴影。通过合理的灯光运用，不管是高大的乔木还是低矮的灌木丛，或者是奇花异草，都可以展现自己优美别样的魅力和姿态。植物作为庭院中最富有变化的照明对象，其照明方式也多种多样。

总体来说，选择植物灯光照明方式时需要考虑相应植物的高矮、粗细、树冠大小，突出花或枝叶、树干的姿态等，还有植物在庭院中的位置，做到照明有重点，充分展现可以为庭院带来美感的植物。

（1）植物夜景的照明方式主要有以下两种。

上射照明：从下方向上照射树木，可以让树木看上去给人带来浪漫的感觉。但并不是说只要是树木就从下方打光即可，要根据树木的种类选择合适的灯具并确定打灯的位置。一般对于树干和树冠较为舒展的树，可以采用上射照明。灯具需选用插入式上射灯，隐蔽在植物中，这样做的目的就是突出树的结构。

下射照明：使用在植物上方比较茂盛浓密的情况下，这时需要把下射灯具安装在树顶上或者较高的建筑物上，这样植物的覆盖面较大，同时可以与上射照明呼应。因为下射灯经常会直接照射到人的眼睛，所以下射灯的灯泡相较上射灯的灯泡功率低。这种照明方式对以盛开的花朵作为照明重点的庭院灯光设计特别重要。

（2）常见植物类型的照明方式主要有以下两种。

四季都可以欣赏绿叶的常绿乔木，可以从较远的视点布置灯光，以获得较好的打灯效果。地下埋入式的灯具如果埋在树木正下方，树木整体难以被照亮。虽然可以采用带角度调节的灯具进行调节，但同时要考虑保养维修的方便性。要想照亮常绿乔木的树冠部分，应在稍远一些的位置用射灯等照射。树木过高时，加高灯杆就可以更加突出树木的高度。树干笔直的乔木，可以用配光较窄的灯具，从正下方向上照射。采用地下埋入式灯具的话，最好使用可以调整角度的。

落叶乔木容易透光，特别是樱花树、银杏树、枫树等，打灯后的效果更好。如果建筑离树木较近，可以在墙上安装射灯，向下方照射，让树叶的影子映在地面上。落叶树采用从正下方向上照射，光线容易穿过枝叶，基本上可以覆盖整棵树木。乔木可以在稍微远一点的地方用射灯向上照射树冠部分，就能营造很好的效果。

6）水景照明

水景通常指庭院中的小水池、泉水、瀑布或其他水体等庭院景观。水代表着生机，代表着生命，理想中的庭院一定有水静静地流淌，或者治愈性的叮叮咚咚声舒缓人们的情绪，在阳光的照射下，水面波光闪烁，悄悄地打动你的心房。因此水景是室外空间中富有诗意的部分。不论你拥有一座大的院落还是一个小的阳台，都需要水来点缀。在庭院中，不管是动态水景还是静态水景，都各具特色，水的灵动带给庭院新的生命。

水的存在会给照明带来一定的难度，如果处理得好，就会产生令人惊叹的效果。通常而言，水景照明设计成功的关键是灯具的位置。首先应把光源隐藏好，比如对水池来说，放灯的最佳位置是在房、池之间靠近房屋的一侧，这样做的目的是避免眩光，也可以很好地隐藏灯具。另一个隐藏光源的方法是增加注水喷泉，把喷泉放在光源上方，这样喷出来的水就掩盖了下面的灯具，人们看到的只是清爽的、潺潺的、发光的水。下面针对几个常见的庭院水景照明形式加以详细介绍。

（1）静水照明。庭院中的静水一般包括平静的水面或者流动十分缓慢的水景。平静的水面给人一种像镜子的感觉，庭院中的景致可以倒映在水面上，当微风吹过，整个画面就生动了起来，十分吸引人。缓缓流淌的水可以舒缓人们紧张的情绪，具有治愈性的效果，看着水面，自己的心情也不由地舒缓下来，静静地欣赏着庭院的美景。采用彩色滤光器可以改变水的颜色，推荐使用蓝色滤光器，如图 4-55 所示。或者使用能产生蓝白光的小型景观照明灯具，它会使水面看起来鲜艳生动。可以在喜庆氛围较浓的场景用一些其他颜色的滤光器。

图4-55　巴西圣保罗别墅泳池的水景照明

（2）瀑布照明。大自然中的瀑布令人向往，倾泻的水流，浪花溅起，伴随着高高低低的水花声。庭院中，瀑布也是较为受欢迎的水景之一，白天可以欣赏它的流动，夜晚在灯光的映衬下，会更添魅力。瀑布照明也遵循水景照明的方法，可以在水下安装射灯，不过灯具要安装在水池中瀑布流入的地方，这样不仅可以隐藏灯具，还能使光源散发的光正好照射到跌水上，折射出彩虹般的色彩，如图 4-56 所示。

图4-56　独墅湾中式庭院的瀑布照明

（3）喷泉照明。庭院中的喷泉都是人工喷水，通常设计师会根据基地现状，因地制宜，仿照天然喷泉的形式制作而成。对于喷泉照明，应重点突出表现喷泉所喷涌的水花，我们可以把照明灯具安装在喷水口附近，不仅丰富了水花的色彩，而且隐藏了灯具。另外，需要考虑的是喷泉本身可能就是一个兼职的雕塑或小品，并非简单的喷水管。在这种情况下，要遵循雕塑照明的原则，尤其不能在距离观赏小品很近的地方进行上射照明，以免产生明显的阴影。

（4）跌水照明。跌水属于喷泉的延伸区域，跌水是水呈台阶式从高向低流出，我国传统园林和国外园林中都经常采用跌水形式。在针对跌水的照明中，我们要分层次考虑灯光的布置，从上层台阶处到下层台阶处的照明，还有水流的照明。一般会选择在上层流水处使用上射照明，下层流水台阶处的边缘或水里向上照明，为流水提供充足的灯光效果，如图 4-57 所示。

图4-57　美国加州希尔加德花园庭院的叠水照明

（5）溪流照明。溪流本是大自然山涧中一种水流方式，通常水中会放置大小不一、疏密有致的石块，或者种植一些喜水的花草植物等，给水流的方向造成自然的变化，形成很有乐趣的溪流。在夜晚照明时，选择较远距离照明最合适不过了，一是由于溪流较浅，不适宜在水下设置防水灯具；二是如果正好在溪流附近高处的建筑物或树木上采用月光照明是个极为巧妙的方式，灯光浪漫柔和，洒在缓缓的溪流上，给人一种梦幻的感觉。

在庭院的照明灯具中，最美妙的莫过于水中的照明灯了，从波动的水中折射出来的灯光，一定要照射到树木或墙壁上，才会更加赏心悦目。

7）山石照明

庭院中的山石，大都是景石经过精心叠堆而成的，而景石也都是各具艺术造型的自然石。山石在庭院中的作用不亚于水体，也是室外空间中的亮点，白天光照充足，山石自然情趣尽收眼底，夜晚只能靠人工光的布置赋予它别样的美。在选择照明时需要显色性高的光源，为了更好地凸显山石造型，进行投光照亮。另外需要注意隐藏灯具，做到有光源而看不到灯具为佳。还有一种方法就是在灯具的外面设计一块仿真石，把灯具隐藏其中，还可以起到保护灯具的作用。

8）小品陈设照明

庭院中的小品陈设有着一定的功能效用，也有着装饰的作用，而良好的灯光照明也可以使它们更具情趣。小品陈设的灯光布置与安排不仅取决于庭院的整体风格，还与小品陈设的材质、功能有着密不可分的关系。下面根据小品陈设中常用的三种要素进行分析。

（1）雕塑、雕像是庭院中极具装饰效果的小品景致，可以充分体现居住者的审美品位。所以，对于两者的照明要经过深思熟虑，以表现其特征为要点。同时，要依据它们自身材质、气质的特点，考虑用恰当的光源和照射方向来表现。此外，还需考虑雕像的高度及其与周围环境的关系，再决定灯光的方向、形式等。

（2）花架也是庭院中经常出现的小品之一，在灯光照明时，可以采用上射灯对花架上的攀爬植物进行照明，或者在花架的横梁上安装下射灯。不过，要考虑花架的具体用途来定。

（3）凉亭，从古至今，广受欢迎，在庭院中，不仅可以作为休憩的节点，而且它本身就是一个艺术作品。凉亭有多种材质，如木质、石质、混凝土、玻璃钢等。在照明时，也要考虑到其材质，布光要避免眩光，防止对休憩的人造成不适感。通常，采用轻柔的上射照明或月光照明就会有良好的效果。

总之，庭院中的小品陈设大都造型优美，做工精致，可视为艺术品，在选择照明方式、方法时，要注重灯光的显色性，可以适当使用滤光器，或带有偏色性的光源。

1. 别墅庭院风格分为哪几种？中式和日式庭院中设计元素有什么不同？
2. 你认为铺装设计中应该注意什么问题？试举例说明你熟悉的铺装材料及其特征。
3. 选择一个你喜欢的别墅庭院设计，分析它的主题、立意及设计手法。
4. 别墅庭院功能空间的平面组合方式有哪些？
5. 植物在庭院设计中起到哪些作用？请列举你熟悉的几种植物类型具体分析。
6. 别墅庭院常见植物类型的照明方式分别有哪些？

某别墅庭院设计任务书

1. 项目地块概况

该别墅地处大连市金州区金石滩，保留了原生态坡地地貌，以自然地势为依托，区域园林自然景观资源丰富，别墅建筑为新中式风格独栋，庭院面积约350m²。

2. 项目定位

新中式风格。

3. 设计要求

一家五口居住，通常活动为种菜、养狗、聚会。

4.基地分析

（1）北院要有休憩区，尺寸要足够放下一组2+2户外沙发和茶几；

（2）从室内客厅看出去要有对景，可以利用现有围墙做文章，也可以另行设计；

（3）尽可能做一个户外烧烤与餐厅区，要有吧台，并且铺装有所不同，能独立成一个区域，能容纳20个人聚餐；

（4）要自然式花境、石子小路，位置可以在二层庭院入口平台；

(5) 储藏园艺工具的工具柜应该贴近建筑放置；

(6) 有一个花房以供多肉植物过冬，位置可以在东南角或西南角；

(7) 基地条件如图4-58所示。

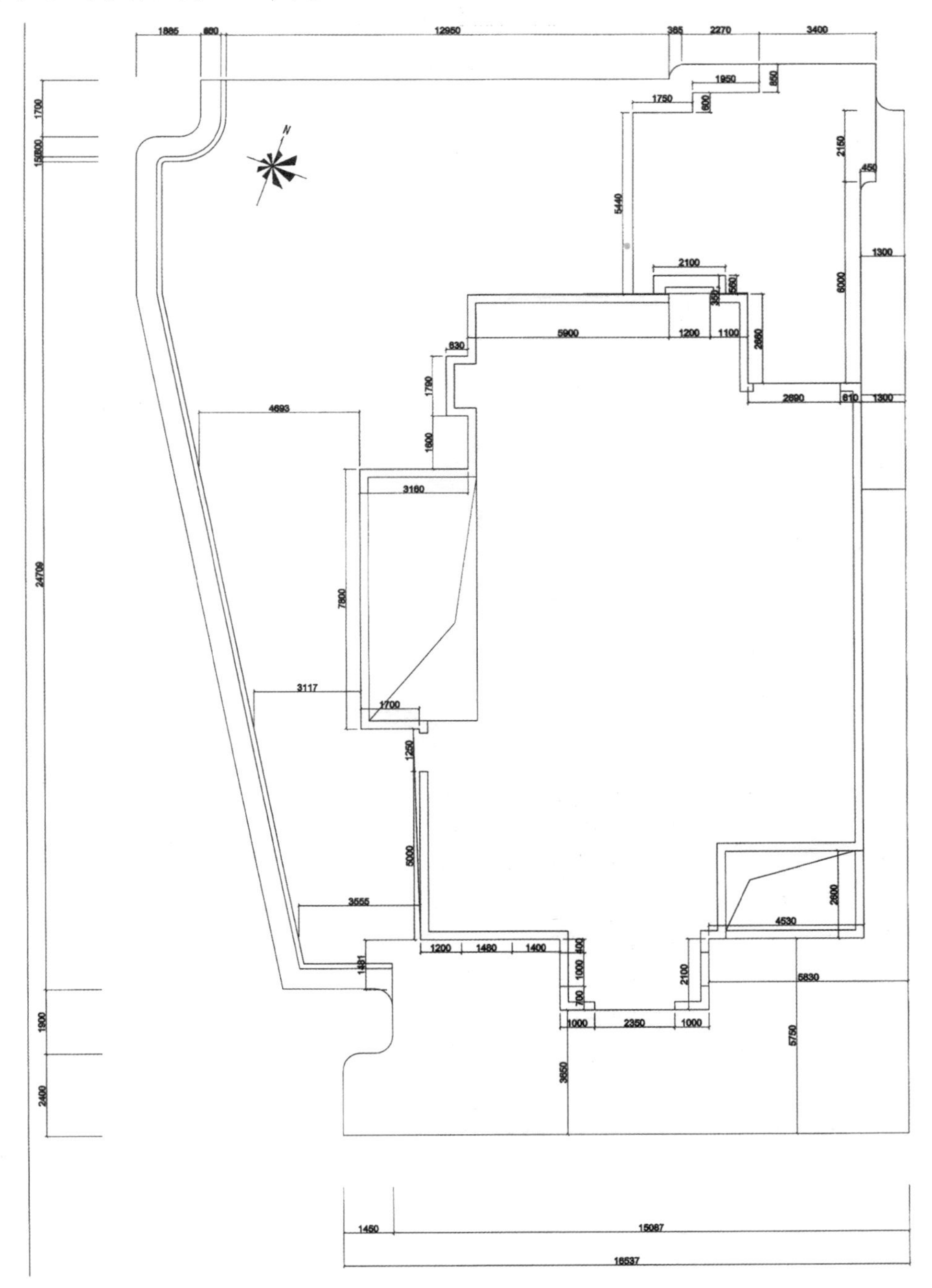

图4-58　某别墅庭院基地条件（单位：mm）

第五章

优秀设计作品欣赏

本章通过具体的案例图片展示和课题引导，强化了对别墅庭院设计的理解，以提高审美水平和案例评析能力，将之前所学知识点进行强化。本章所选可供欣赏的优秀作品如图5-1～图5-9所示。

图5-1　大连金石滩诺丁山别墅区鸟瞰图

图5-2　大连金石滩诺丁山别墅1#、2#、3#、5#、6#、7#楼

图5-3　大连金石滩诺丁山别墅4#楼

图5-4　大连金石滩诺丁山别墅8#楼

图5-5　大连融创御栖湖

图5-6　大连红星海别墅区

图5-7　大连红星海别墅外观建筑

图5-8　大连亿达蓝湾别墅

图5-9　澳洲墨尔本Tarneit区别墅

参 考 文 献

1. 杨波. 墅生活 别墅空间设计[J]. 中国建筑装饰装修，2015.
2. 杨之成，王淮梁. 别墅室内空间设计研究[J]. 湖南城市学院学报（自然科学版），2016.
3. 郭峰. 住宅室内空间设计——别墅室内外空间设计浅谈[J]. 艺术与设计（理论版），2012.
4. 胡永旭. 室内设计[M]. 北京：中国建筑工业出版社，2009.
5. 李海霞. 别墅庭院景观设计[D]. 合肥：合肥工业大学，2009.
6. 安恒菲. 别墅区植物造景的探究与实践[D]. 咸阳：西北农林科技大学，2013.
7. 刘瑜. 私家庭院设计案例解析[M]. 武汉：华中科技大学出版社，2013.
8. 邹颖，卞洪滨. 别墅建筑设计[M]. 北京：中国建筑工业出版社，2001.
9. 诺曼・K.布思，詹姆斯・E.希斯. 独立式住宅环境景观设计[M]. 彭晓烈，译. 沈阳：辽宁科学技术出版社，2003.
10. 董存军. 别墅景观营造研究[D]. 杭州：浙江大学，2010.
11. 董志冶. 别墅庭院景观意境营造方法[J]. 现代园艺，2013.
12. 李贺楠，赵艳，卞广萌. 别墅建筑课程设计[M]. 南京：江苏人民出版社，2013.
13. 沈娜. 别墅庭院景观设计研究[D]. 西安：西安建筑科技大学，2017.
14. 李振宇. 经典别墅空间建构[M]. 北京：中国建筑工业出版社，2005.
15. 徐苏宁. 世界独立式小住宅与别墅设计[M]. 哈尔滨：黑龙江美术出版社，2002.
16. 梁冰洁. 别墅庭院园林空间设计研究[D]. 呼和浩特：内蒙古农业大学，2013.